全国职业技术院校工程机械运用与维修专业教材

工程机械（装载机）操作与维护

人力资源和社会保障部教材办公室组织编写

中国劳动社会保障出版社

简介

本书分为三个模块，主要内容有：装载机概述、装载机结构组成、装载机标识及安全操作规程、装载机基本操作、装载机作业操作、装载机日常检查与定期保养，以及装载机常见故障处理。

本书由李清德主编，施红岩副主编，王磊、钱琳琳参加编写，张峻审稿。

图书在版编目（CIP）数据

工程机械（装载机）操作与维护 / 李清德主编. —北京：中国劳动社会保障出版社，2017

全国职业技术院校工程机械运用与维修专业教材

ISBN 978-7-5167-2982-3

Ⅰ.①工… Ⅱ.①李… Ⅲ.①装载机-操作-职业教育-教材②装载机-维护-职业教育-教材 Ⅳ.①TH243.07

中国版本图书馆CIP数据核字（2017）第081050号

中国劳动社会保障出版社出版发行

（北京市惠新东街1号 邮政编码：100029）

*

三河市潮河印业有限公司印刷装订 新华书店经销

787毫米×1092毫米 16开本 5印张 96千字

2017年5月第1版 2025年6月第11次印刷

定价：10.00元

营销中心电话：400-606-6496

出版社网址：http://www.class.com.cn

http://jg.class.com.cn

前　言

为了更好地适应全国职业技术院校工程机械运用与维修专业的教学要求，全面提升教学质量，人力资源和社会保障部教材办公室组织有关学校的骨干教师、行业和企业专家，依据《技工院校工程机械运用与维修专业教学计划和教学大纲（2016）》，在充分调研企业生产和学校教学情况，并吸收和借鉴各地职业技术院校教学改革成功经验的基础上，编写了本套专业教材。

教材体系

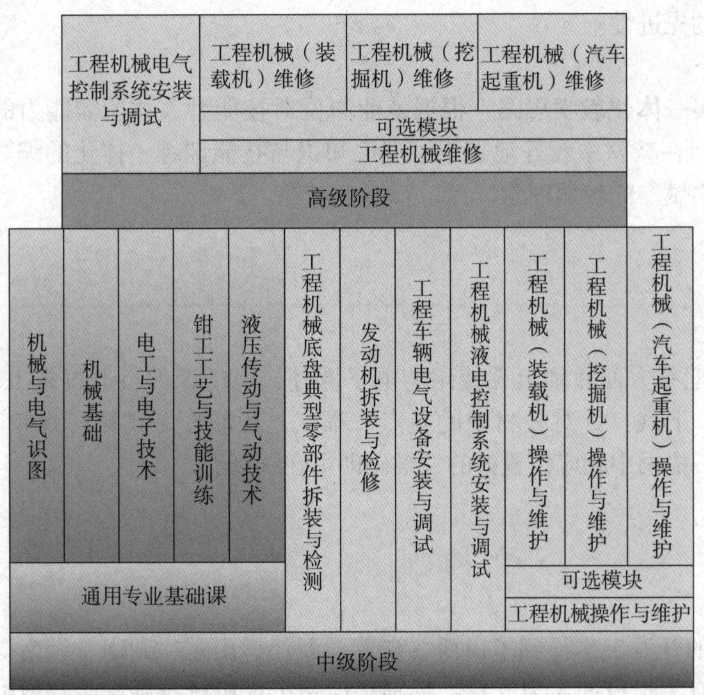

注：通用专业基础课可从机械类、电类通用教材中选用。

适用对象

工程机械运用与维修专业中级、高级两个层次和以下 3 种学制：

- 初中毕业生 3 年学制培养中级工
- 高中毕业生 3 年学制培养高级工
- 初中毕业生 5 年学制培养高级工

编写特色

▪ 体现国家标准要求 以国家职业标准为依据，涵盖相关国家职业标准（中级、高级）的知识和技能要求；以最新的国家技术标准为参照，使教材更加科学和规范。

▪ 体现企业需求 广泛听取包括徐州工程机械集团有限公司等知名企业专家意见，根据企业岗位和教学实践的需求，确定学生应具备的能力与知识结构，并注重教材内容的深度、广度与实际需求相匹配。

▪ 体现行业技术发展 根据工程机械相关领域技术的最新发展，确定新知识、新技术、新设备、新材料等方面的内容，如挖掘机中斗杆和动臂的回转优先与合流控制技术、汽车起重机中的双变量新型节能液压系统、压路机中的基于 CAN-BUS 总线通信系统技术等，保证教材的先进性。

▪ 体现理实一体化教学思路 根据就业岗位对技能型人才所需能力的要求，加强实践性教学内容，在教材中较好地采用了理论知识与技能训练一体化的编写模式，以体现“做中学”“学中做”的教学理念。

教学服务

本套教材配有方便教师上课使用的电子课件，电子课件可通过技工教育网（http://jg.class.com.cn）下载。针对教材中的重点、难点，还制作了动画、视频等多媒体素材，使用移动终端扫描书中相应位置处的二维码即可在线观看。

致谢

本次教材的开发工作得到了山西、江苏、浙江、山东、湖南、云南等省人力资源和社会保障厅及有关学校的大力支持，特别是徐州工程机械技师学院在教材编写中做了大量的工作，在此我们表示诚挚的谢意。

人力资源和社会保障部教材办公室

2017 年 4 月

目 录

模块一 装载机基础知识

装载机是一种具有较高工作效率的工程机械，广泛应用于公路、铁路、建筑、矿山、油田、物流等工程施工中，主要用于对松散的堆积物料进行铲、装、运、挖等作业，也可以用来整理、刮平场地以及进行牵引作业。换装相应的工作装置后，装载机还可以进行挖土、起重以及装卸棒料等作业，对加速工程进度、保证工程质量、改善劳动条件、提高工作效率以及降低施工成本等都具有极为重要的作用。

课题1　装载机概述

学习目标

1. 了解装载机分类方法。
2. 了解装载机的型号命名及编制规则。
3. 掌握装载机常用术语及技术参数。

一、装载机的分类

1. 按行走系统结构分类

（1）轮胎式装载机

以轮胎式专用底盘作为行走机构，并配置工作装置及其操纵系统而构成的装载机。

优点：重量轻、速度快、机动灵活、作业效率高；制造成本低、使用维护方便；轮胎具有较好的缓冲、减震等功能及较好的舒适性。

缺点：通过性差、重心高；附着力小、牵引力小。

（2）履带式装载机

以履带式专用底盘或工业拖拉机作为行走机构，并配置工作装置及其操纵系统而构成的装载机。

优点：通过性好、重心低；稳定性好、附着力大、牵引力大。

缺点：速度低、灵活性相对较差；成本高、行走时易损坏路面。

2. 按转向方式分类

（1）偏转车轮转向式

以轮式底盘的车轮作为转向的装载机，分为偏转前轮、偏转后轮和全轮转向三种。一般不采用这种转向方式。

优点：整体式车架导致强度高、承载力大。

缺点：整体式车架导致机动灵活性差。

（2）铰接转向式

依靠轮式底盘的前轮、前车架及工作装置，绕与前后车架的铰接销作水平摆动进行转向的装载机，目前最常用。

优点：转弯半径小、机动灵活，可以在狭小场地作业。

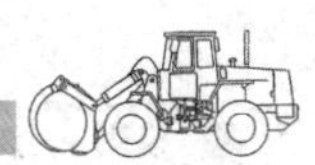

缺点：前后车架铰接处应力较大，易发生疲劳损坏。

（3）滑移转向式

靠轮胎式底盘两侧的行走轮或履带式底盘两侧的驱动轮速度差实现转向的装载机，近年来微型装载机多采用该种转向方式。

优点：整机体积小，机动灵活，可以实现原地转向，可以在更为狭窄的场地作业。

缺点：装载运送物料效率低、性价比低。

此外，按作业场地可分为露天用装载机与地下用装载机；按动力传动形式可分为机械传动、液力机械传动、全液压传动、电传动装载机；按装卸方式不同可分为前卸式、回转式、后卸式装载机；按铲斗额定装载量可分为小型（<1 t）、轻型（1～3 t）、中型（4～8 t）、重型（>10 t）装载机。

目前，国产大中型装载机普遍采用发动机后置的结构形式，这是由于发动机后置，不但可以扩大司机的视野，还可以兼作配重使用，以减轻装载机的整体装备重量。

常见装载机类型见表 1—1—1。

表 1—1—1　　常见装载机类型

轮胎式装载机（>4 t）	小型轮胎式装载机（<4 t）
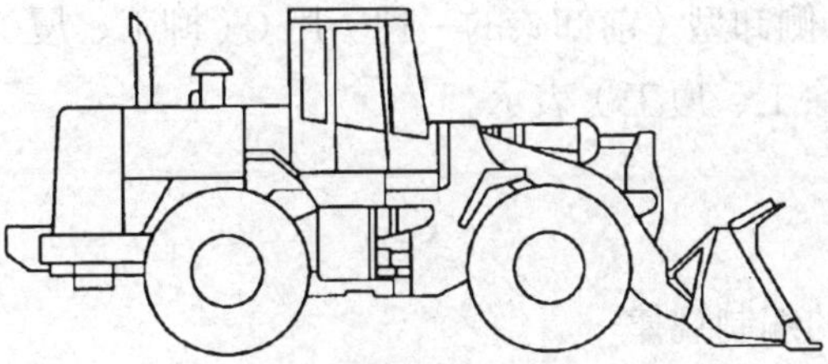	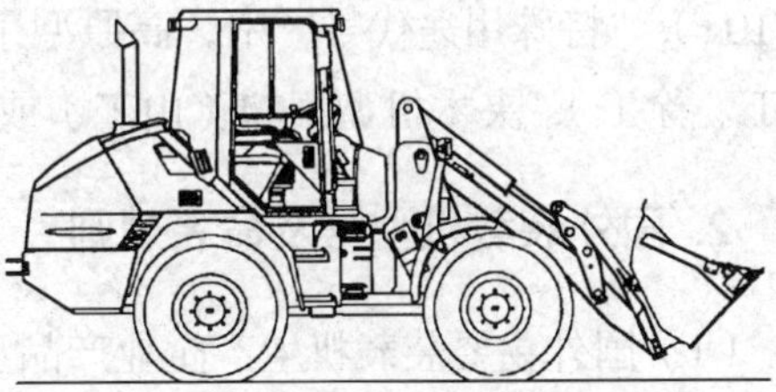
带货叉的轮胎式装载机	带抓具的轮胎式装载机
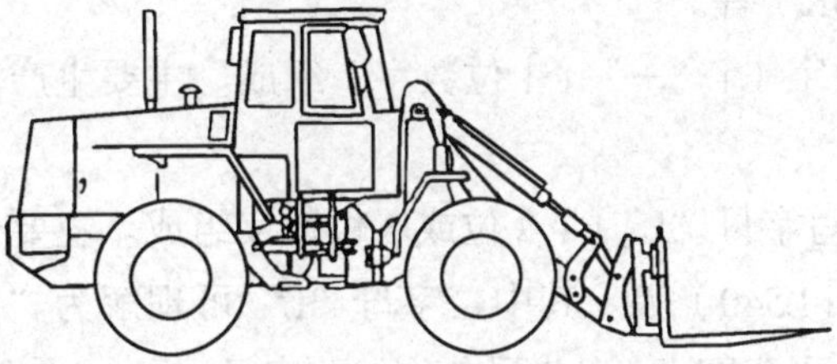	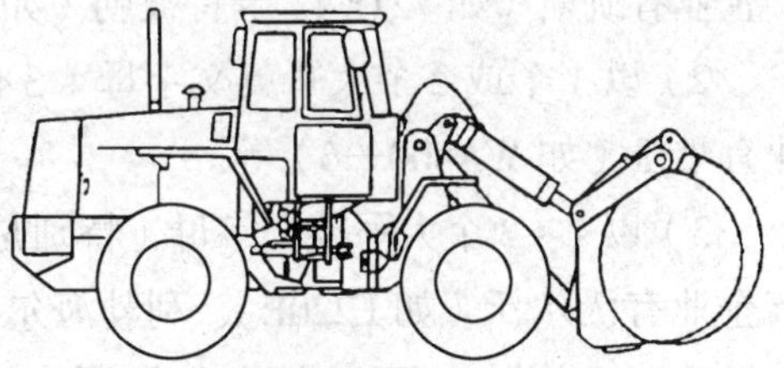
履带式装载机	滑移转向式装载机
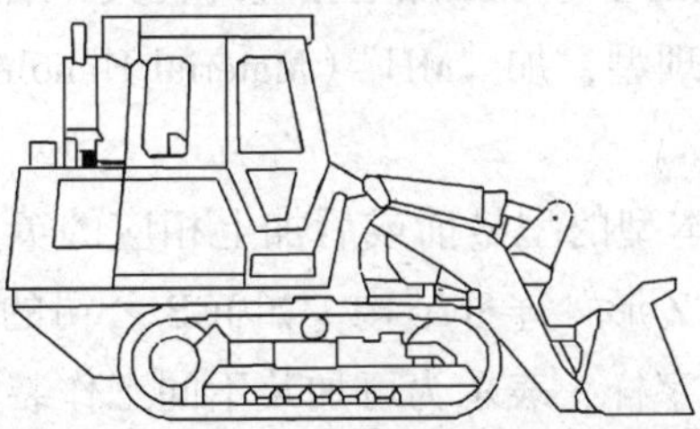	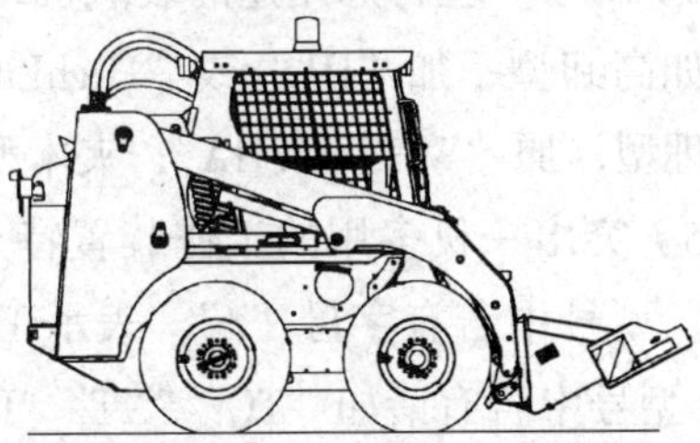

二、装载机型号及命名规则

1. 国内装载机型号及命名规则

在新标准《土方机械 产品型号编制方法》（JB/T 9725—2014）实施之前，国内生产企业均遵守《工程机械 产品型号编制方法》（JB/T 9725—1999）中的命名规定，极少有例外。国内生产的 ZL 系列装载机型号编制方法大同小异，其含义及构成如图 1—1—1 所示。

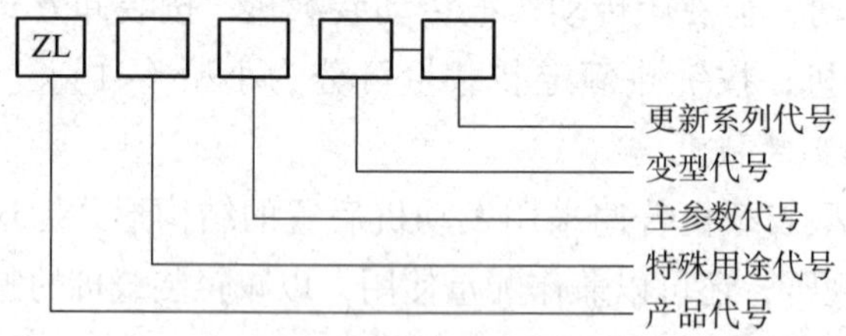

图 1—1—1 国产 ZL 系列装载机型号编制

其中，“更新系列代号”用 1、2、3…或Ⅰ、Ⅱ、Ⅲ…表示；“变型代号”用 A、B、C…表示；“主参数代号”用 10、15、20、30、40、50…表示，代表装载机额定载重量（1/10 t）；“特殊用途代号”中，高原型用 G，侧卸型（前卸式的一种）用 C（柳工、厦工、龙工、徐工），夹木机型用 M（山工）或 J（徐工、厦工）表示。

2. 国外装载机型号及命名规则

（1）国外主要装载机生产企业产品型号的编制规律

1）以 2 位或 3 位数字 + 1 ~ 3 个大写英文字母（+ “—” + 1 位数字）组成。主要生产企业有凯斯（如 721F）、卡特彼勒（如 993K）等。

2）以 1 个或 2 个大写英文字母 + 3 位数字（+ “—” + 1 位数字）组成。主要生产企业有小松（如 WA800—6）等。

3）以 1 ~ 3 个大写英文字母（特别是大写字母“L”）+ 2 位或 3 位数字组成。主要生产企业有沃尔沃（如 L220E）、利勃海尔（如 L540）等。其中，字母“L”可理解为“装载机（Loader）”，对于以字母“L”开头的公司还可以代表公司名称的首字母。

4）对于一些特殊用途的装载机，常在基本型的型号后面加上相应的英文（缩写）字母。如高卸型，加“HL”或“HighLift”；物料处理型，加“MH”（Material Handler）；垃圾处理型，加“WH”“WHA”；夹木型，加“LOG”。

5）突出一机多用的工作装置特点，常在基本型的型号前或后加上相应的英文缩写字母。型号中若有字母“Z”，表示工作装置为“Z 形”连杆结构（如 JCB 公司的 426ZX 等）；型号中若有诸如“TC”“XT”“IT”“PT”等字样，表示为可加装不同工作装置的综合多用机型（Tool Carrier）；型号中若有“HT”字样，表示工作装置为四杆结构；型号中若有“XR”字样，表示工作装置为伸展型（Extended-Reach），即加长卸载距离型。

6）个别生产企业产品型号中的数字代表额定斗容量。

（2）卡特彼勒和小松公司产品型号说明

1）卡特彼勒

卡特彼勒公司生产的全系列装载机，在“900”数字序列下命名，采用以数字“9”开头的 3 位数字 + 1 位英文字母 + 1 位罗马数字的编号方法，有微型、小型、中型、大型、物料处理型等机型系列，共计 20 余种产品。其中，最小的“90”“91”微型系列，包括 906、907、908 和 914；小型系列装载机的型号以“92”“93”开头；以“93”至“98”开头的为中型系列产品；大型系列产品以“99”开头，主要用于大型露天矿山与采石场的装载作业；综合多用机系列以字母“IT”开头。如今卡特彼勒的部分装载机产品已进入“K”代，换代产品在增加发动机功率、提高产品电子信息技术含量的同时，更注重改善驾驶员的驾乘条件和减少机器对作业环境的污染，以及提高作业效率。

2）小松

小松公司装载机产品型号编制基本方式为：字母“WA”+ 2 ~ 4 位数字 +“—”+ 1 位数字。其中，开头字母“WA”的含义可解释为“世界领先”（World Advance）或“轮式铰接”（Wheel Articulated）；中间 2 ~ 4 位数字表示产品规格，数字越大，产品的装载能力越强，目前产品规格可从最小的 50 到最大的 1 200；最后 1 位数字代表产品更新的代，如 WA900—6，表明目前其装载机产品已全面进入 6 代。

三、装载机常用术语及技术参数

1. 装载机常用术语（图 1—1—2、图 1—1—3）

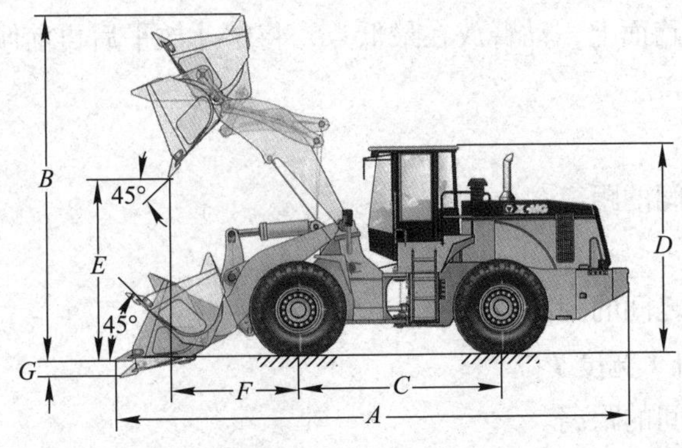

图 1—1—2　装载机主要参数一

A—整机长度　*B*—整机最大高度　*C*—轴距　*D*—主机高度　*E*—卸高　*F*—卸距　*G*—下挖深度

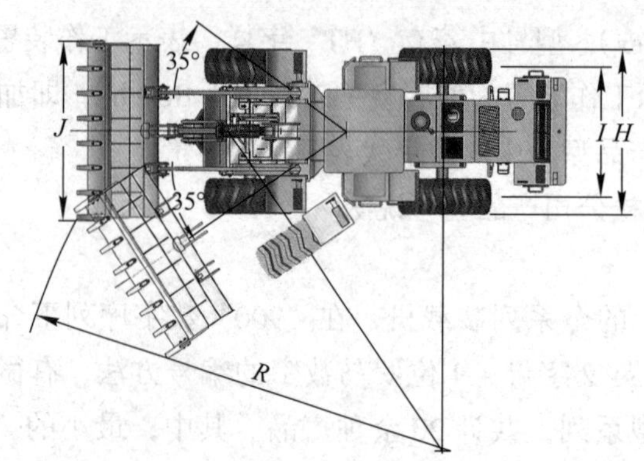

图 1—1—3 装载机主要参数二

H—主机宽度 *I*—轮距 *J*—铲斗（整机）宽度 *R*—最小转弯半径

（1）整机长度 *A*

装载机前后车桥平行无转向，停在水平路面上，铲斗平放，整机的最前点斗齿到最后点配重之间的水平距离。

（2）整机最大高度 *B*

装载机动臂升起，铲斗转至最高处，斗齿与地面之间的垂直距离。

（3）轴距 *C*

装载机前后车桥平行无转向，前、后桥中心线之间的距离。

（4）主机高度 *D*

装载机停放在水平路面上，驾驶室顶部与地面之间的垂直距离。

（5）卸高 *E*

装载机动臂升起，铲斗卸载时，斗齿的最低点与地面之间的垂直距离。

（6）卸距 *F*

装载机动臂升起，铲斗卸载时，斗齿的最前点到前桥中心线之间的水平距离。

（7）下挖深度 *G*

装载机停在水平路面上，动臂放在最低点，将铲斗放平后再前倾 10°，此时铲斗最低点至水平面的垂直距离。

（8）主机宽度 *H*

左右车轮外侧之间的距离。

（9）轮距 *I*

左右车轮中心线之间的距离。

（10）铲斗（整机）宽度 *J*

铲斗左右端面之间的距离。

（11）最小转弯半径 R

前车架相对于后车架偏转到最大角度，以前后桥的轴线交点在地面上的投影为圆心，以装载机外轮廓在地面上的投影为半径画圆。

2. 装载机主要技术参数

（1）额定载重量

装载机在满足下列条件下，为保证所需的稳定性而规定铲斗内装载物料的重量。

1）配置基本型铲斗。

2）最高行驶速度不超过 15 km/h。

3）在平坦硬实的地面上作业。

4）额定载重量应不大于倾翻载荷的 50% 或提升能力的 100%。

（2）倾翻载荷

装载机在下列条件下，使后轮离开地面而绕前轮与地面接触点向前倾翻（至少有一个后轮离开地面）时，在铲斗额定容量的几何重心处所允许作用的最小载荷（或在铲斗中装载物料的最小重量）。

1）装载机停在硬的较平整水平路面上。

2）配置基本型铲斗。

3）装载机为操作重量。

4）轮胎为规定的充气压力。

5）动臂处于最大平伸位置，铲斗后倾。

6）装载机处于最大偏转角位置。

（3）提升能力

作用在载荷重心处，能被动臂油缸从地面连续提升到最高位置的最大载荷。

（4）掘起力

装载机停在平坦坚实的地面上，铲斗切削刃的底面放水平并高于底部基准平面 20 mm 时，变速箱挂空挡，发动机在加速踏板踩到底时，操纵转斗油缸，在铲斗切削刃向后 100 mm 处产生的最大向上铅垂力。非直线型切削刃铲斗，掘起力应在铲斗宽度的中心线上测量。

（5）额定斗容

铲斗平装容量与堆尖部分体积之和。

（6）卸载角

铲斗处于最高位置并最大前倾时，其底部平面与水平面之间所成的角度。

（7）卸载高度

当动臂提升到最高位置，铲斗卸载角为 45° 时，从地面到斗刃最低点之间的垂直距离。若卸载角度小于 45°，则应注明卸载角度。

（8）卸载距离

当动臂提升到最高位置，铲斗卸载角为 45° 时，从装载机本体最前面一点（包括轮胎或车架）到斗刃之间的水平距离。若卸载角度小于 45°，则应注明卸载角度。

（9）动臂提升时间

将装有额定载荷的铲斗从地面水平位置举升到最高位置所需的时间。

（10）三项和

动臂提升、动臂下降、铲斗前倾三项时间的总和。

（11）牵引力

当装载机为操作重量在平坦硬实路面上行驶时，发动机在最大供油位置以 I 挡速度所产生的最大驱动力。

操作重量为装载机在空斗状态下，按规定注满冷却液、燃油、润滑油、液压油，并包括司机（75 kg）的重量。

（12）整机重量

装载机在空斗状态下的，按规定注满冷却液、燃油、润滑油、液压油并包括工具、备件、司机（75 kg）和其他附件等的重量。

课题 2　装载机结构组成

学习目标

1. 了解装载机外形及部件名称。
2. 了解装载机仪表、型号及功能。
3. 掌握装载机各组成系统的结构及工作原理。

轮胎式装载机主要由动力系统、传动系统、车架、转向系统、制动系统、行走装置、工作装置、工作液压系统、电气系统和操纵系统等组成。图 1—2—1 所示装载机为我国目前最具代表性的轮胎式装载机的总体结构。

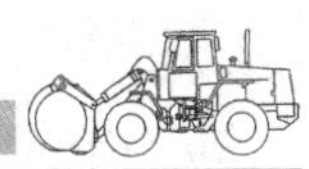

一、整机外形及部件名称

1. 整机外形

装载机整机外形及零部件名称如图 1—2—1 所示。

a）

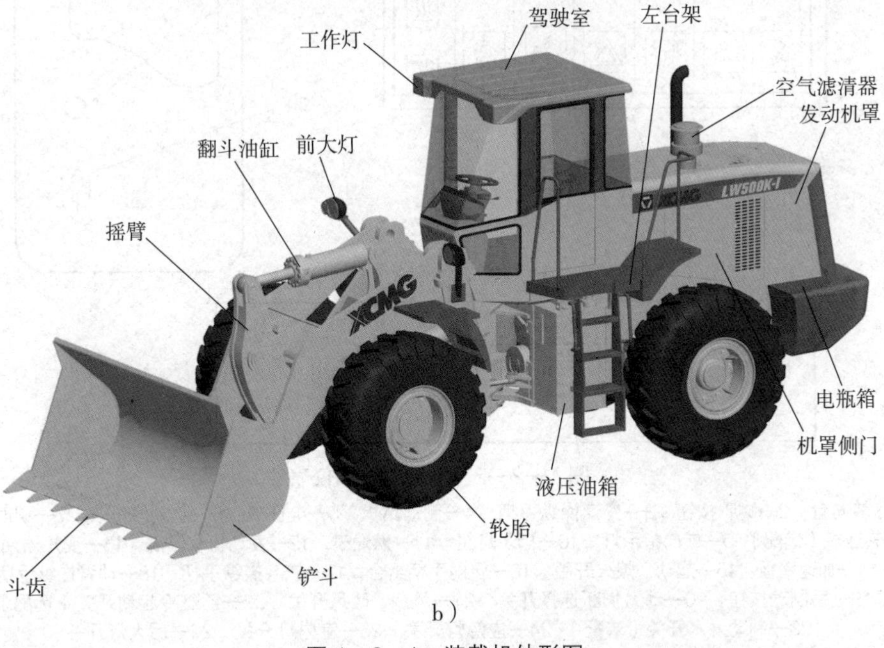

b）

图 1—2—1　装载机外形图

2. 操纵系统和仪表

操纵系统和仪表如图 1—2—2 所示，仪表、机构动作与功能说明见表 1—2—1。

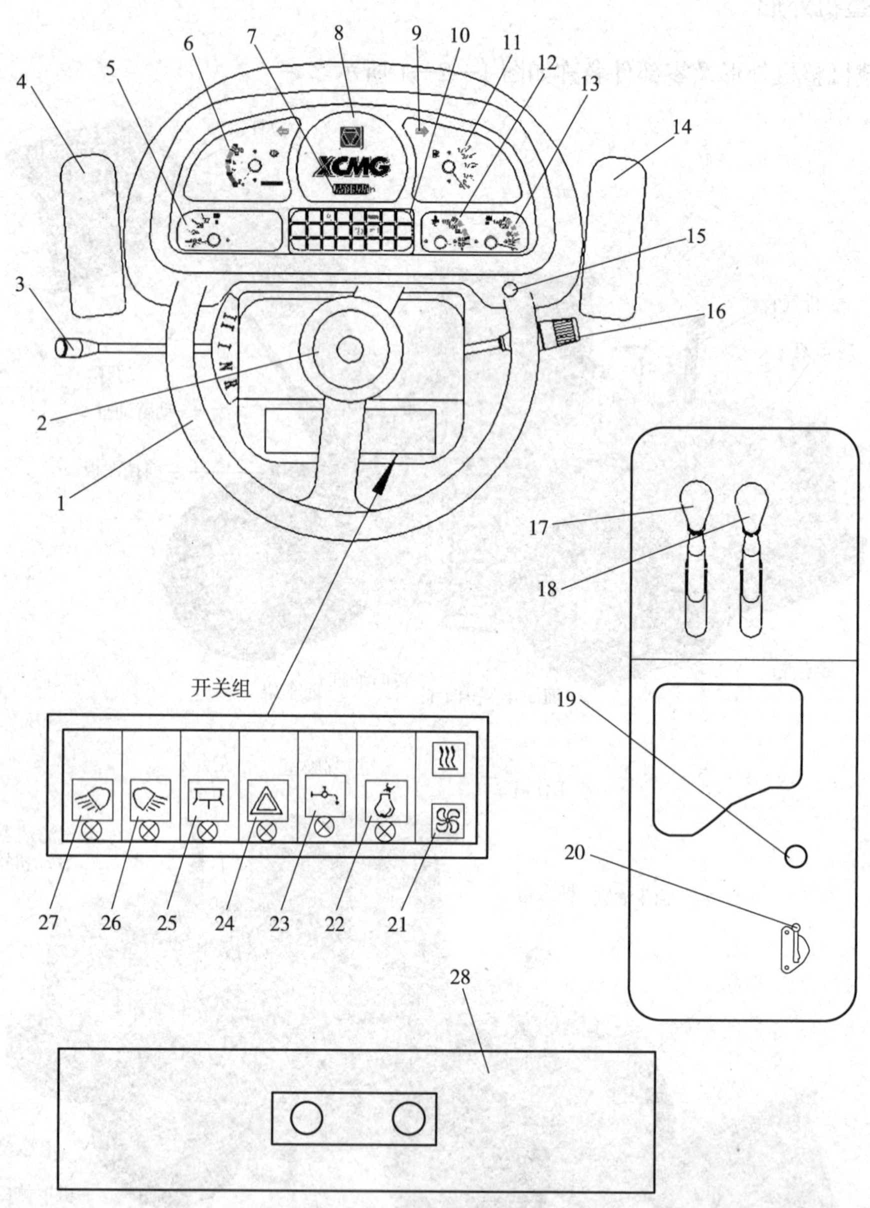

图 1—2—2　操纵系统和仪表

1—转向盘　2—喇叭按钮　3—变速操纵手柄　4—制动踏板　5—电压表　6—制动气压表　7—积时表
8—转速表（选配）9—转向指示灯　10—指示灯组　11—燃油表　12—发动机水温表　13—变矩器油温表
14—加速踏板　15—起动、熄火开关　16—转向手柄组合　17—铲斗操纵手柄　18—动臂操纵手柄
19—手制动按钮　20—动力切断选择开关　21—风扇、暖风开关　22—乙醚冷起动开关（选配）
23—制动淋水开关（选配）24—应急灯开关　25—室内灯开关　26—后大灯开关
27—驾驶室前大灯开关　28—空调（选配）

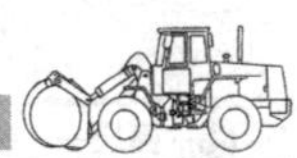

表 1—2—1　　　　仪表、机构动作与功能说明

序号	名称	动作与功能	备注
1	转向盘	控制机器行驶方向	
2	喇叭按钮	按下鸣笛	
3	变速操纵手柄	向前推接前进Ⅰ、Ⅱ挡，向后拉为倒挡，中间位置为空挡	配电控箱时前推为前进，后推为后退，旋转手柄为各挡位
4	制动踏板	踩下踏板即制动车辆	
5	电压表	指示机器电路系统电压	
6	制动气压表	指示制动系统气路压力	
7	积时表	指示整机工作总时间	
8	转速表	指示发动机转速	选配
9	转向指示灯	显示机器转弯方向：左箭头闪光指示机器向左转，右箭头闪光指示机器向右转	
10	指示灯组	Ⓟ灯亮表示驻车制动，[机油图标]灯亮表示发动机油压力低，(!)灯亮表示制动气压低，[- +]灯亮表示电瓶在充电	
11	燃油表	指示燃油量	
12	发动机水温表	指示发动机冷却水温度	超过 100℃需停车
13	变矩器油温表	指示变矩器油温	超过 110℃需停止工作，发动机低速运转降温
14	加速踏板	控制发动机供油量	
15	起动、熄火开关	将钥匙插入，顺时针旋转接通全车电源，再转动起动发动机；熄火则相反	
16	转向手柄组合	控制转向灯：向前拨左转向灯闪光；向后拨右转向灯闪光 控制前大灯和示宽灯：旋转	
17	铲斗操纵手柄	向前推铲斗倾翻，向后拉铲斗收斗，中间位置铲斗不动	
18	动臂操纵手柄	向后拉动臂上升，向前推动臂下降，再向前推为浮动，中间位置动臂不动	
19	手制动按钮	拉起按钮即制动，按下按钮即松开制动	当气压小于 0.45 MPa 时，按钮处于拉起状态
20	动力切断选择开关	控制脚制动切断动力的转换	
21	风扇、暖风开关	控制暖风机的开关	
22	乙醚冷起动按钮	喷射乙醚起动液	选配：温度低于 0℃时使用
23	制动淋水开关	对驱动桥制动盘进行淋水散热	选配
24	应急灯开关	机器紧急停车时控制四个转向灯亮	
25	室内灯开关	控制室内灯开关	

续表

序号	名称	动作与功能	备注
26	后大灯开关	控制后大灯开关	
27	驾驶室前大灯开关	工作时控制驾驶室前大灯开关	
28	空调	调节室内温度	选配

二、装载机系统组成

1. 动力系统（图 1—2—3）

装载机动力系统的核心一般为柴油发动机，动力系统是一种能将柴油在气缸内燃烧所产生的热能转变为机械能的动力装置。由于柴油机具有经济性良好、有效功率高、功率范围广、起动方便，加速性能好、转速和负荷调节范围较宽、可靠性高、寿命长、维修方便等优点，因此广泛应用于工程机械中。特别的，四冲程水冷六缸往复活塞式柴油机的应用尤为广泛。

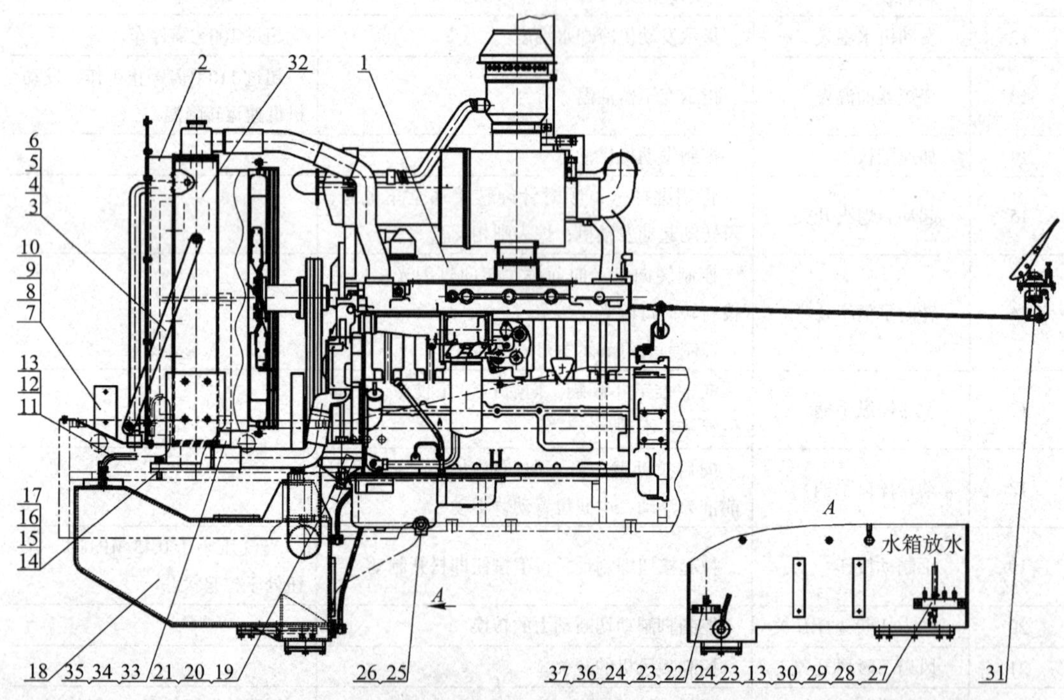

图 1—2—3　装载机动力系统

1—发动机总成　2—导风罩总成　3—水箱拉杆　4、8、15、19、23—螺栓　5、6、9、10、16、17、20、24、37—垫圈　7—封板合件　11—管夹　12—胶管　13—双钢丝喉箍　14—橡胶垫　18—燃油箱　21—螺母　22、27、30、33—接头　25、29—胶管　26—喉箍　28—1/4 球阀　31—加速操纵　32—水箱总成　34、35—胶管总成　36—螺塞

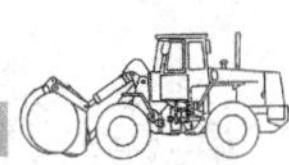

2. 传动系统（图 1—2—4）

装载机传动系统主要由液力变矩器，动力换挡变速器，前、后驱动桥，前、后传动轴及万向节等组成。发动机的飞轮通过弹性连接板与液力变矩器的罩轮相连，罩轮与泵轮通过螺栓连接，泵轮旋转通过液压油将动力经一、二级涡轮传至一、二级输出齿轮，到达超越离合器与变速箱的太阳轮，然后通过挡位变化经变速箱的输出轴到前、后传动轴，最后将动力传到前、后驱动桥的主传动器，经差速器及半轴到驱动桥的轮边减速器，最后驱动车轮前进或者后退。

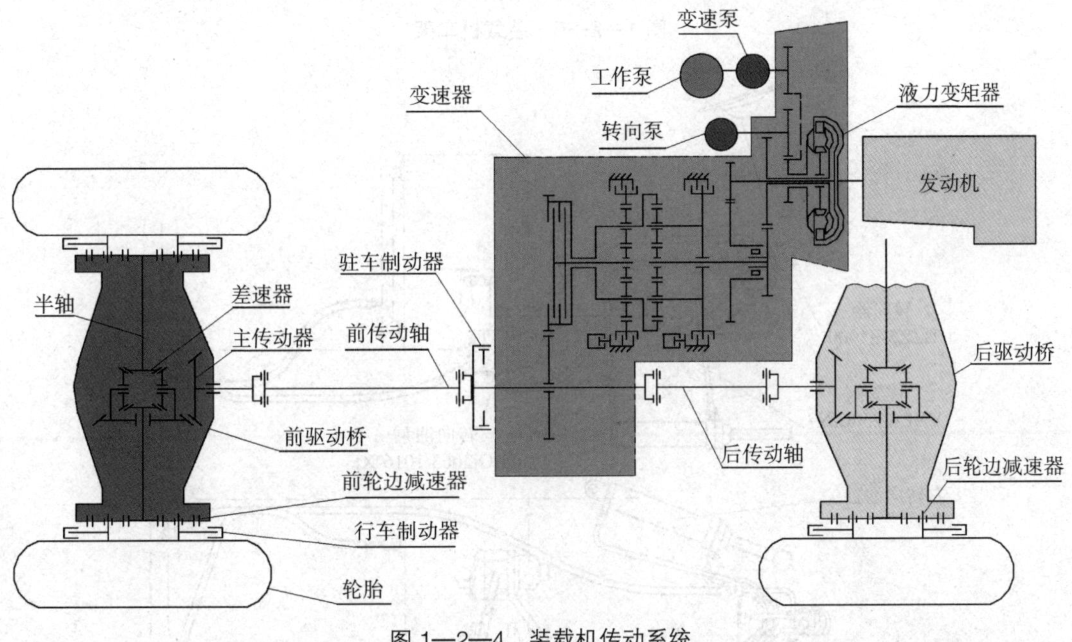

图 1—2—4 装载机传动系统

3. 车架（图 1—2—5）

车架是装载机的支承基体，装载机上所有零部件都直接或间接地装在车架上，使整台装载机形成一个整体。车架分为前车架、后车架、副车架。

4. 转向系统（图 1—2—6）

转向系统主要由转向盘、转向柱、转向器、转向油泵、转向油缸、油管、优先阀等组成。它用来控制装载机的行驶方向，能使装载机稳定地保持直线行驶，并能根据要求灵活地改变行驶方向。

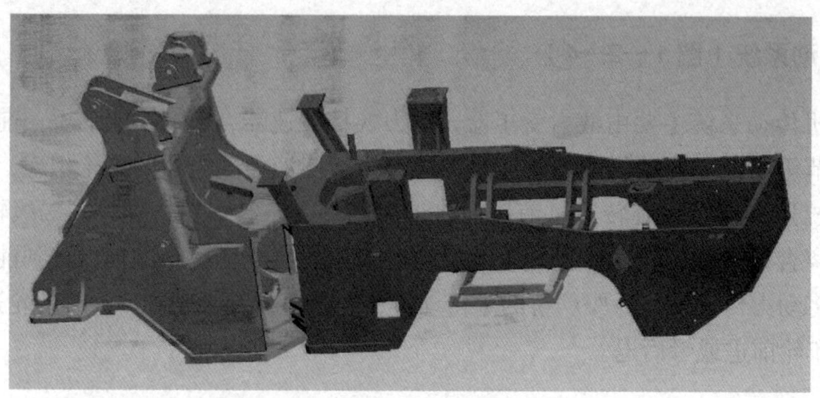

图 1—2—5 装载机车架

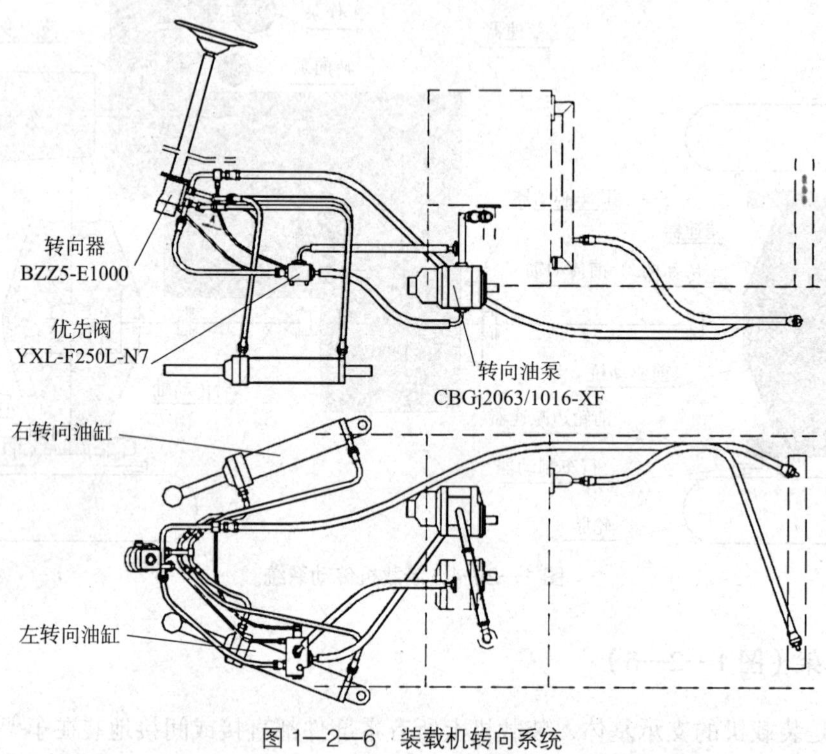

图 1—2—6 装载机转向系统

5. 制动系统（图 1—2—7）

装载机制动系统用于行驶时的降速或停止，以及在平地或坡道上较长时间停车。制动系统分为两部分，一部分是行车制动，另一部分是驻车制动。

6. 工作装置（图 1—2—8）

工作装置由动臂、动臂油缸、铲斗、铲斗油缸、摇臂和拉杆等零部件组成，用来铲装。

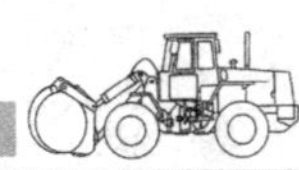

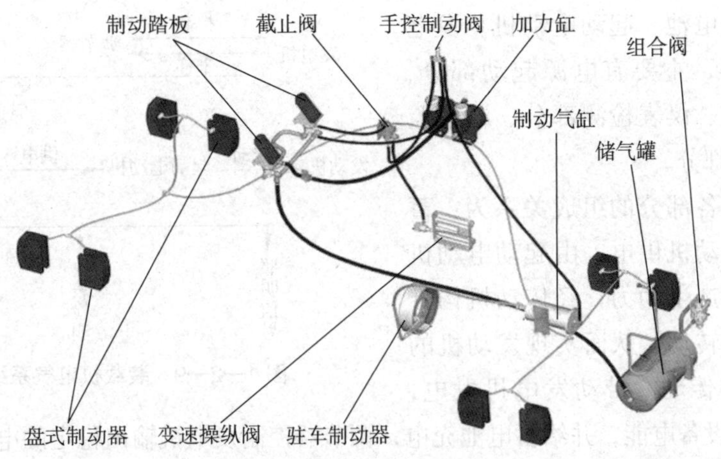

图 1—2—7　装载机制动系统

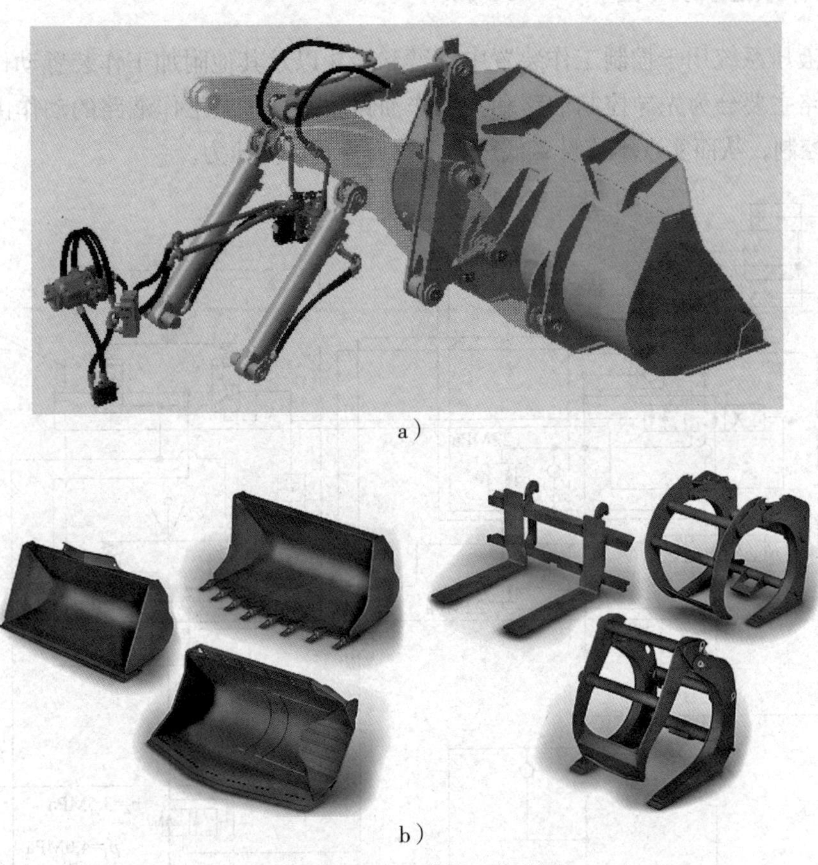

a）

b）

图 1—2—8　装载机工作装置

7. 电气系统（图 1—2—9）

电气系统的主要功用是起动柴油机以及完成照明、信号指示、仪表检测等工作。电气系统包括蓄电池、起动电动机、发电机、调节器等，主要有电源起动部分、照明信号部分、仪表检测部分、电子监控部分和辅助部分。

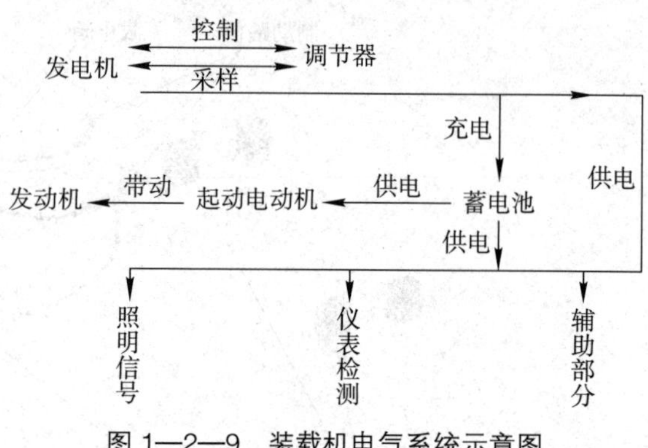

图 1—2—9 装载机电气系统示意图

电气系统各部分的组成关系为：蓄电池给起动电动机供电，由起动电动机的直流电动机产生动力，经传动机构带动发动机曲轴转动，从而实现发动机的起动；通过带传动，带动发电机发电，供给所有用电设备电能，并给蓄电池充电；调节器控制发电机输出稳定的电压。

8. 工作液压系统（图 1—2—10）

工作液压系统用于控制工作装置中动臂和转斗以及其他附加工作装置动作。工作液压系统油路主要分为先导控制油路和主工作油路两部分。主工作油路的动作由先导控制油路进行控制，从而实现小流量、低压力控制大流量、高压力。

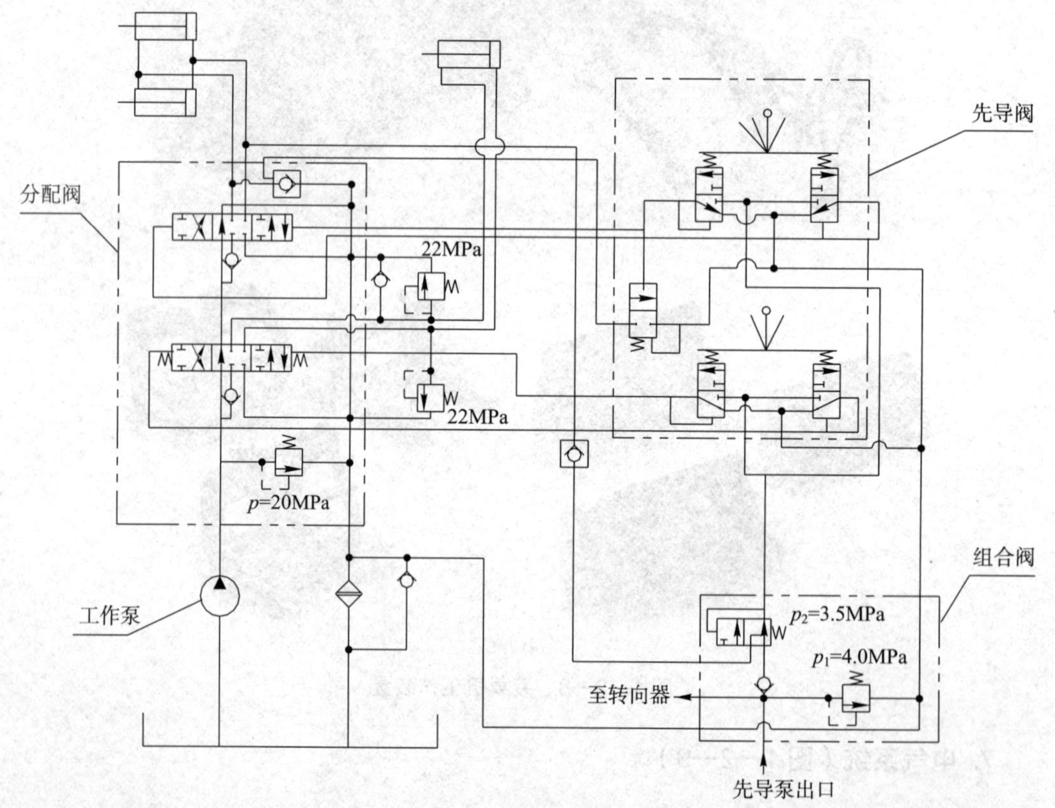

图 1—2—10 装载机工作液压系统

模块二 装载机操作

装载机的操作包含装载机的起动、换挡、转向、制动以及工作装置操作等内容。在操作装载机之前，需要操作人员熟悉装载机各类标牌的含义及位置，掌握装载机安全操作规程，能够及时有效地处理一些常见及突发情况，以及养成良好的操作习惯是操作人员必须具备的专业素质。

课题 1　装载机标识及安全操作规程

学习目标

1. 熟悉装载机铭牌、编号的含义。
2. 熟悉装载机安全标识的含义。
3. 掌握装载机安全操作规程。

一、各类标牌

1. 整机标牌

装载机整机标牌固定于前车架右侧立板上，表示车辆型式、产品编号、出厂日期及制造商等，如图 2—1—1 所示。

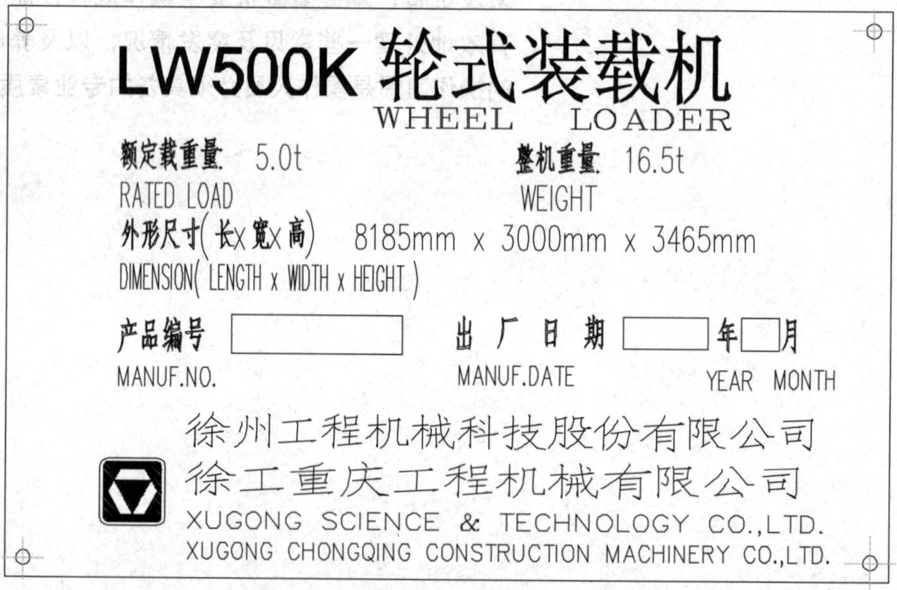

LW500K 轮式装载机
WHEEL LOADER
额定载重量 5.0t　　整机重量 16.5t
RATED LOAD　　WEIGHT
外形尺寸(长x宽x高) 8185mm x 3000mm x 3465mm
DIMENSION(LENGTH x WIDTH x HEIGHT)
产品编号 ☐　　出 厂 日 期 ☐年☐月
MANUF.NO.　　MANUF.DATE　　YEAR MONTH
徐州工程机械科技股份有限公司
徐工重庆工程机械有限公司
XUGONG SCIENCE & TECHNOLOGY CO.,LTD.
XUGONG CHONGQING CONSTRUCTION MACHINERY CO.,LTD.

图 2—1—1　整机标牌

2. 生产企业标识

装载机上一般都有生产企业标识。例如，徐工集团生产的装载机，集团标识位于动

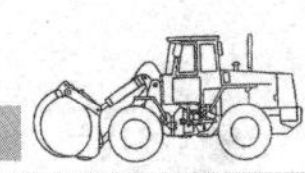

臂两侧和发动机罩两侧。

3. 车架编号

装载机车架分为前车架和后车架，一般都有各自的编号。常见的车架编号位于以下两个位置：

（1）前车架压印于左立柱折弯板后侧上部。

（2）后车架压印于右框板后侧起吊处。

4. 发动机标牌

发动机标牌固定于发动机机体上，如图 2—1—2 所示。

图 2—1—2　发动机标牌

除发动机外，机器的其他各主要部件上也都用标牌铆在或压印在相应部件上，表示出部件形式、制造编号、生产厂家等信息。

二、安全标识

装载机上一些固定位置粘贴有安全标识，应仔细阅读并遵循机器上所有安全标识的说明，并妥善保护安全标识。如果安全标识丢失、损坏或文字、图形不清晰，应及时增补或修复。如果要更换贴有安全标识的零件，应保证新更换的零件上有相应的安全标识。擦洗安全标识时，应使用布、肥皂水等，不能使用清洗剂、汽油等擦洗。

1. 安全标识及其说明（表 2—1—1）

表 2—1—1　　装载机安全标识及其说明

序号	安全标识	说明
1		不能在工作装置下面行走标识
2	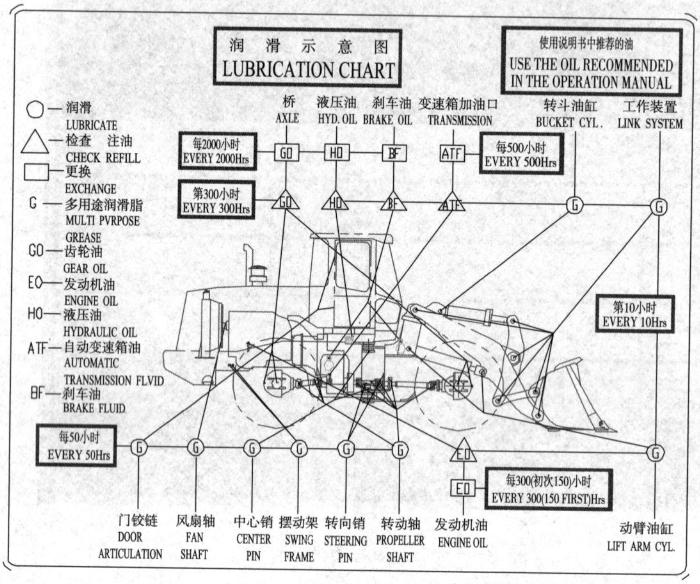	润滑标识
3	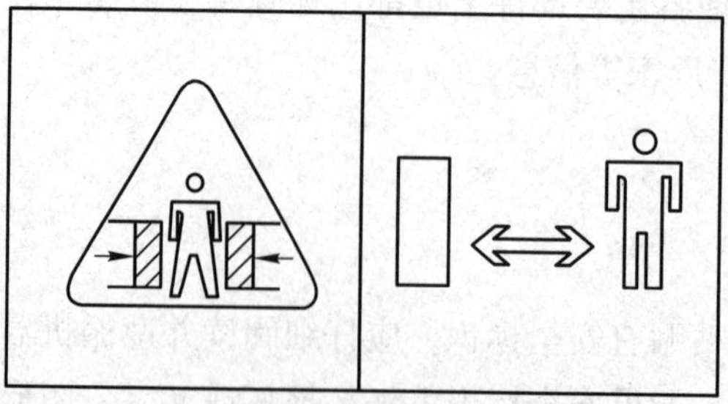	挤压危险标识

续表

序号	安全标识	说明
4		阅读使用维护说明标识
5	警 告 WARNING 严禁打开驾驶室门操作机器 Make sure door is close before operating condition	严禁开门操作机器标识
6		发动机运转时不要靠近风扇标识
7	注 意　CAUTION 当气温低于0℃时如不使用防冻液，停车后应将柴油机散热器、油冷却器及管路中的水放净，否则冻裂发动机机体、散热器或油冷却器等。 When the temperature below 0℃，after parking the loader,please drain the engine radiator oil cooler and water pipe. If the water has not been added anti-freezer,it will freeze the engine radiator and oil cooler crack.	低温放水标识
8		固定处标识

续表

序号	安全标识	说明
9	WARNING	不要靠近机器标识
10		蓄电池标识
11		起吊位置标识
12	19 12 13 9 5 8 7 14 18 2 15 17 1 11 10 9 4 5 10 16 12 20 3 6	维护保养标识
13		液压油箱标识

续表

序号	安全标识	说明
14	⚠ 警 告　WARNING 低压报警时不准运行机器。当气压达到规定值时，按下手控阀方可操作。 Do not run the loader when low pressure protector alerting, when air pressure reach the instructed level press down the parking brake and then operate the loader.	手制动标识
15		吊装标识
16		工具箱标识
17	D	柴油箱标识

2. 标识在整机上的位置（图 2—1—3）

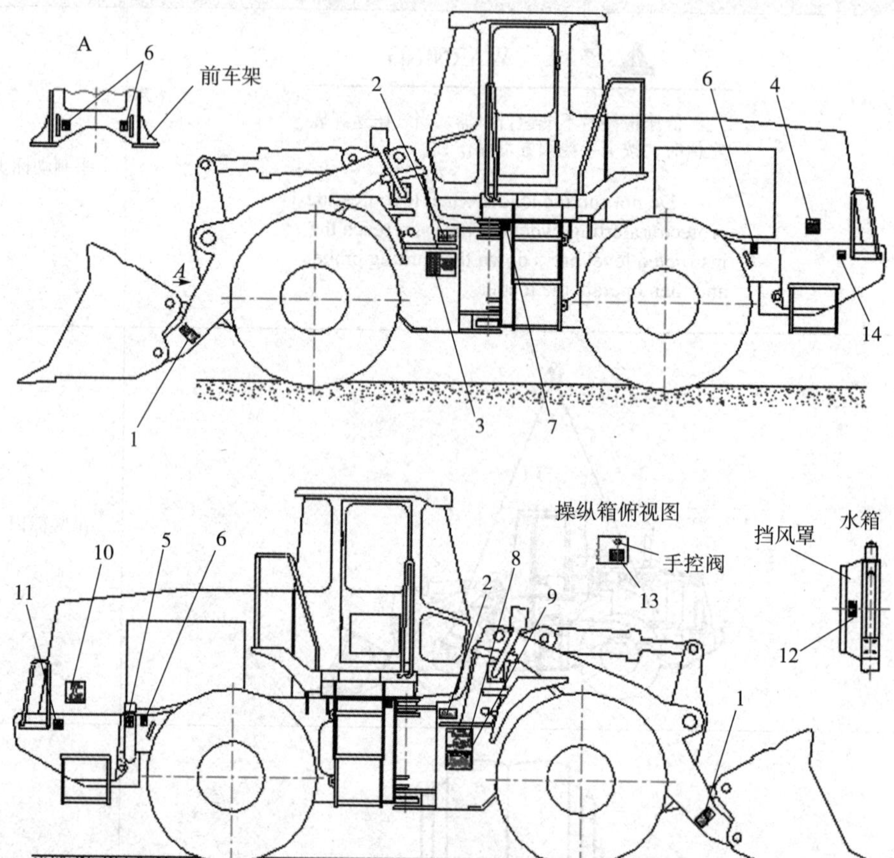

图 2—1—3　标识粘贴位置示意图

1—不能在工作装置下面行走　2—挤压危险标识　3—润滑　4—加注防冻液　5—柴油箱　6—起吊位置　7—液压油箱　8—维护保养　9—整机标牌　10—吊装　11—工具箱　12—风扇危险　13—手制动　14—蓄电瓶

三、安全操作规程

1. 一般安全注意事项

（1）驾驶员及有关人员在使用装载机之前，必须认真阅读使用维护说明书或操作维护保养手册，按说明书和手册规定的事项去做，否则会带来严重后果和不必要的损失。

（2）驾驶员应穿戴必要的劳保防护用品，符合安全要求。

（3）针对作业区域范围较小或危险区域，必须在其范围内或危险点显示出警告标识。

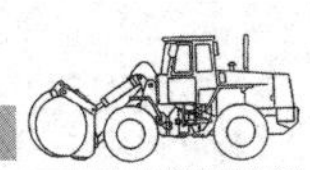

（4）严禁驾驶员酒后或过度疲劳驾驶作业。

（5）在中心铰接区内进行维修或检查作业时，要连接锁紧杆，以防止前、后车架相对转动。

（6）要在装载机停稳之后，从有扶梯的地方上下装载机，切勿在装载机作业或行走时跳上或跳下。

（7）装载机需要举臂时，必须把举起的动臂垫牢，保证在任何维修情况下，动臂绝对不会落下。

2. 装载机严重事故安全警告

（1）装载机下坡严禁发动机熄火。

（2）严禁挂空挡溜坡。

（3）装载机动臂下严禁站人。

（4）装载机在运动时，中间铰接处严禁站人。

3. 装载机起动前的检查准备工作

在作业前，要仔细检查机器，坚持执行日常维护保养工作。如果发现异常状态，立刻向管理人员报告，加以维修后再开始操作。检查内容如下：

（1）检查机器是否存在漏油、漏水、螺栓松动、异响、零件破损或丢失的故障。

（2）检查确认前后车架锁定杆是否已经脱开锁定。

（3）检查冷却液液位、燃油油位和发动机油底壳里的油位是否正常，检查空气滤清器是否有堵塞。

（4）检查所有的照明及信号灯光是否正常，若检查结果有任何不正常，都应进行修理。

（5）检查各仪表是否工作正常，确认操纵杆应在停放位置。

（6）把驾驶室玻璃和所有灯上的脏物擦掉，以保证有良好的能见度。

（7）调整后视镜到合适的位置，使得操作人员有良好的视野。

（8）检查操作人员座椅周围是否有遗留零件和工具。由于在行走和作业时会产生振动，这些东西可能会跌落和使操纵杆、开关损坏；或者会使操纵杆发生移动致使工作装置开动，导致事故。

（9）检查灭火器是否正常。

（10）检查扶手、阶梯上是否有油脂或污泥，以免上车时滑倒和影响操作。

4. 装载机的起动

（1）注意机器周围的人员，清除行驶方向的障碍物，查看是否存在阻碍机器行走、转向的物品（如轮胎楔块等）；注意车底是否有修理人员；除驾驶员外不允许任何人站在机器的任何部位（包括驾驶室内）。

（2）调整好后视镜，关好驾驶室左、右门。

（3）检查变速操纵手柄是否在空挡位置。

（4）检查动臂、转斗操纵手柄是否处在中位。

（5）检查各电气元件开关是否处在关闭或初始位置。

（6）将起动钥匙插入，顺时针转动起动钥匙到“闭合”位置，接通电源。

（7）检查燃油表显示油量。

（8）鸣响喇叭，示意本机即将起动。稍微踩下加速踏板，继续转动起动钥匙至“起动”位置，使柴油机起动。正常情况下发动机会在 10 s 内起动，此时应立即松开起动钥匙，使其自动回到“闭合”位置。

注意：一次起动的时间不可超过 15 s。需要再次起动时，应间隔 1 min。如连续三次不能起动，应查明并解决问题后再起动。

（9）起动后让发动机在怠速下空转 5 min 左右，方可进行轻负荷工作。

（10）待发动机冷却水温度达到 55℃、发动机机油温度达到 45℃后才允许全负荷运转。

5. 装载机工作中操作行驶注意事项

（1）密切注意发动机水温表、油压表、气压表、电压表等的指示是否正常。

（2）低速运转时倾听发动机工作是否正常，传动系统是否有不正常响声。

（3）注意各系统有无泄漏现象。

（4）检查行车制动、驻车制动系统是否工作正常。

（5）工作装置操作是否正常。

（6）缓慢转动转向盘，检查机器转向是否正常。

（7）检查各开关、照明及信号灯光、雨刮器等是否正常。

6. 装载机工作后注意事项

（1）将装载机驶离工作现场，并停放在平坦的安全地带，操纵杆放在空挡位置，拉紧驻车制动器。如需在斜坡上停车还应将轮胎用楔块垫好。

（2）发动机应在 800 ~ 1 000 r/min 转速下转动 5 min 左右，以便各部分冷却均匀，之后才能停止发动机。

（3）环境温度低于 0℃，应将冷却水放出（有防冻液，且在防冻液有效期内除外）。

（4）检查燃油储量和发动机机油，检查水管、油管、气管及附件有无渗漏，检查变速箱、变矩器、油泵、转向器、前后桥密封等有无过热，检查传动轴螺栓、轮辋螺栓以及各销轴的固定是否松动，检查轮胎气压及外观是否正常，检查工作装置情况是否正常。

（5）按日常例行保养项目对机器进行保养和维护。

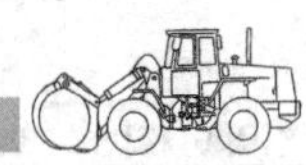

（6）清除斗内泥土及砂石，打扫装载机卫生。

（7）填写运行工作记录，进行交接班工作。

课题 2　装载机基本操作

学习目标

1. 掌握装载机变速操作方法。
2. 掌握装载机工作装置操作方法。
3. 掌握装载机紧急制动方法。

一、起动操作

在驾驶装载机时，对环境、驾驶室以及使用的物品，按照上一课题要求做好起动前的检查工作，然后按照说明书起动发动机。

需要说明的是：

1. 只能在驾驶室内起动发动机，严禁将起动电动机短路来起动发动机，这样通过旁路起动系统会造成机器的电路系统损坏，而且这种操作非常危险。

2. 当需要使用乙醚冷起动装置时，应事先阅读说明书。乙醚是易燃物，应注意防火。

3. 当发动机配备了塞状预加热器时，禁止使用乙醚。

二、换挡操作

变速操纵各挡位示意图如图 2—2—1 所示。扳动变速操纵手柄可得到四个挡位，从前到后分别为前进Ⅱ挡、前进Ⅰ挡、空挡、倒挡。在变换挡位时不可猛踩加速踏板，以免传动系统冲击过大。

1. 前进Ⅰ挡操作

发动机旋转时，为了保护电器元件，钥匙开关不可以放在“开”位置以外的地方。

（1）柴油机起动后，检查装载机各部均属正常，操纵动臂、铲斗至运输位置（动臂下端距地面 40 cm 左右，并且铲斗向后转到限位位置，铲斗上的限位块与动臂相碰），如

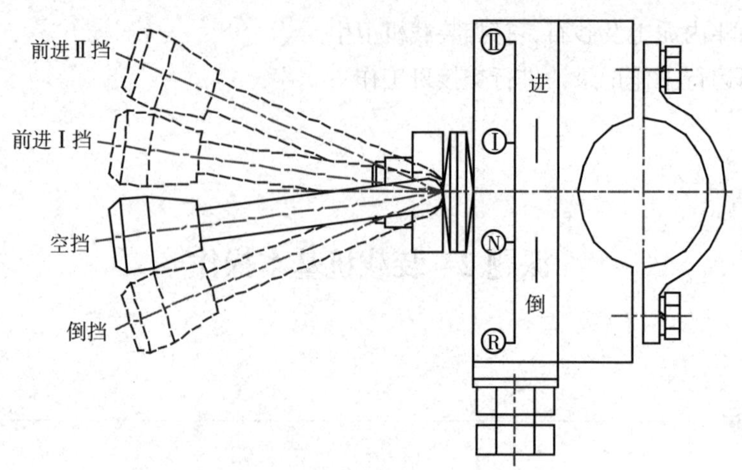

图 2—2—1　变速操纵各挡位示意图

图 2—2—2 所示。

（2）踩下制动踏板，松开手制动，鸣响喇叭，如图 2—2—3 所示。

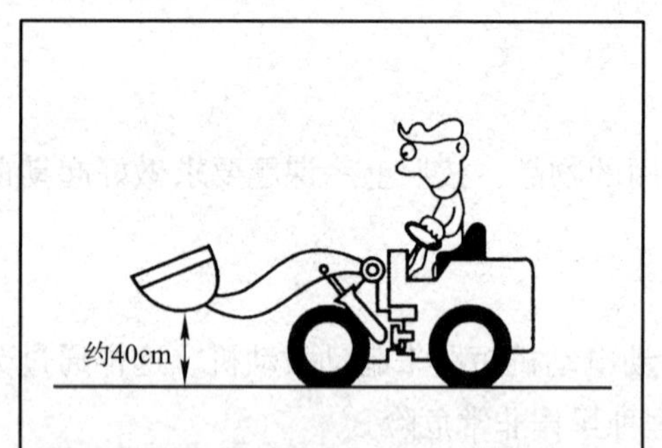

图 2—2—2　将动臂提升至运输位置

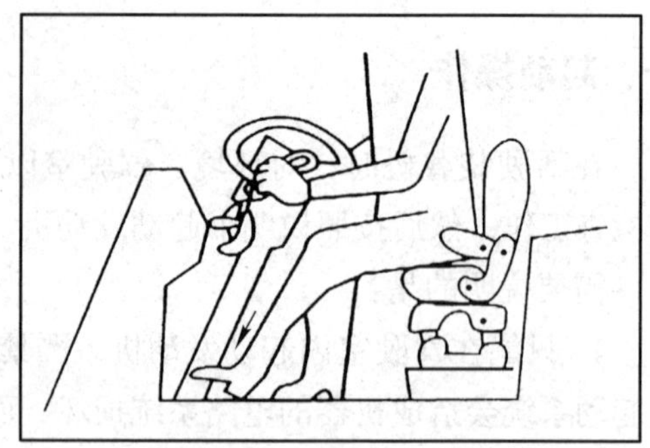

图 2—2—3　踩下制动踏板，松开手制动

（3）轻松操纵变速杆，将挡位挂在前进Ⅰ挡。

（4）松开制动踏板，缓缓踩下加速踏板，使装载机逐渐加速，如图 2—2—4 所示。

注意：车辆只有在制动气压达到规定值（0.45 MPa）以上，解除手制动后才能行驶。

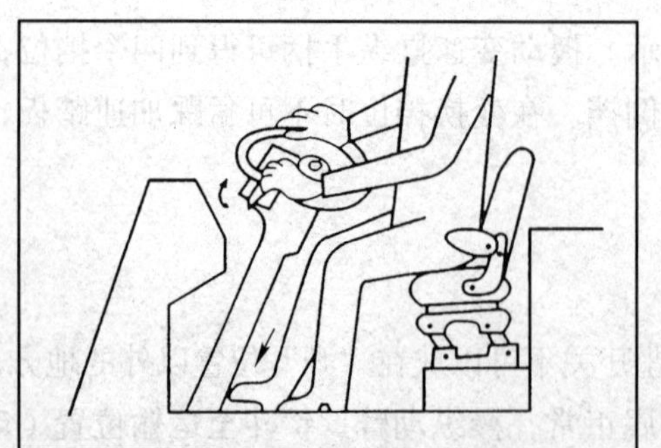

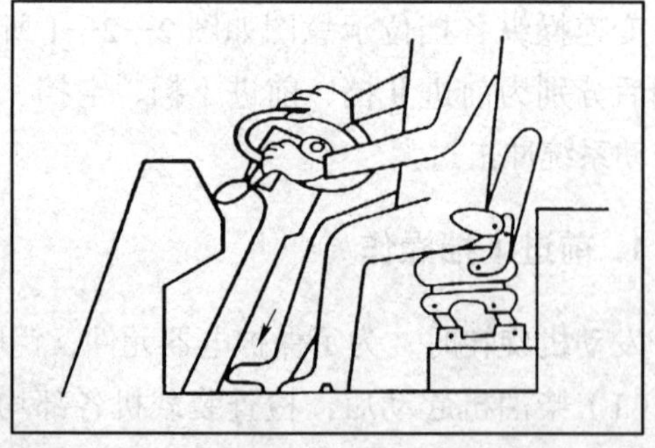

图 2—2—4　操纵变速杆至Ⅰ挡，松开制动踏板，缓缓踩下加速踏板

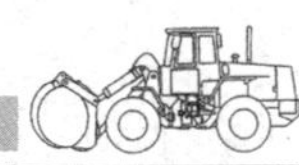

2. 前进Ⅱ挡操作

在前进Ⅰ挡踩下制动踏板，将换挡操纵手柄向前拨动至前进Ⅱ挡，松开制动踏板，缓缓踩下加速踏板，装载机缓慢移动。

从前进Ⅱ挡转换至前进Ⅰ挡时应适当进行制动，将车速降低下来后再进行转换。前进挡与后退挡的直接转换对装载机传动系统损害较大，千万不可操作。

3. 倒挡操作

在前进Ⅰ挡踩下制动踏板，将换挡操纵手柄向后拨动至倒挡，松开制动踏板，缓缓踩下加速踏板，装载机缓慢后退。

ZF 变速箱的变速挡位有 8 个，分别为前进Ⅰ~Ⅳ挡、空挡、后退Ⅰ~Ⅲ挡，如图 2—2—5 所示。变速操纵手柄在中位为空挡；将变速操纵手柄向前推为前进挡，同时转动变速操纵手柄可得前进Ⅰ~Ⅳ挡；将变速操纵手柄向后推为后退挡，同时转动变速操纵手柄可得后退Ⅰ~Ⅲ挡。

图 2—2—5　ZF 变速操纵各挡位示意图

三、转向操作

1. 打开左或右转向灯开关。
2. 两手握转向盘，根据行驶需要，修正行驶方向。
3. 转向后关闭转向灯。

操作要领：

转向前，视道路情况降低行驶速度，必要时换入低速挡。在直线行驶修正行驶方向时，要少打少回，及时打及时回，切忌猛打猛回。转弯时，要根据道路弯度，快速转动转向盘，使前轮按弯道行驶。当前轮接近新方向时，即开始回轮，回轮的速度要适合弯道的需要。转向灯开关要正确，防止只开不关。

四、工作装置操作

1. 普通型工作装置操作

对于双手柄的操作装置来说，内侧手柄用于操纵铲斗的前倾与后倾，手柄向前按下为铲斗前倾，即卸料，手柄向后拉起为铲斗后倾，即收斗；外侧手柄用于操纵动臂的提升与下降，手柄向前按下为动臂的下降，手柄向后拉起为动臂的提升。若两手柄都在中位，表示铲斗与动臂均无动作，如图 2—2—6 所示。

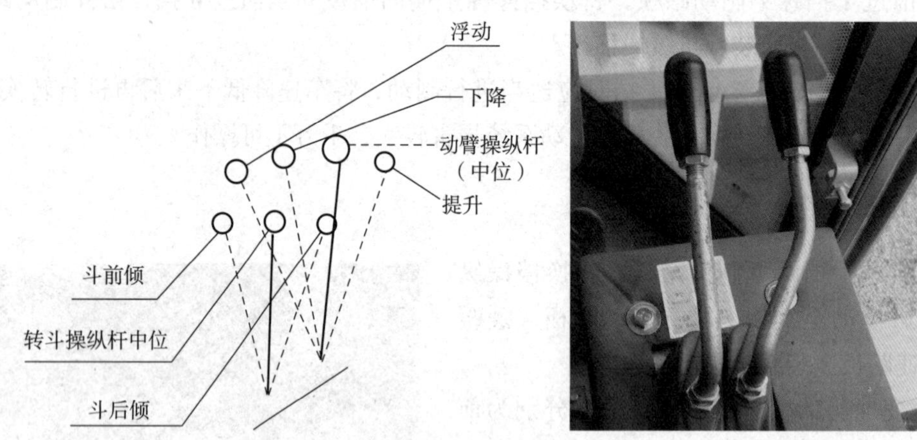

图 2—2—6 双手柄操纵

2. 先导型工作装置操作

为了让操作更加容易、省力，将双手柄操纵变为了单手柄先导操纵。左右方向为铲斗的前倾与后倾，手柄向左拉为铲斗后倾，即收斗，手柄向右推拉起为铲斗前倾，即卸料；前后方向为动臂的提升与下降，手柄向前按下为动臂的下降，手柄向后拉起为动臂的提升。若两手柄都在中位，表示铲斗与动臂均无动作，如图 2—2—7 所示。

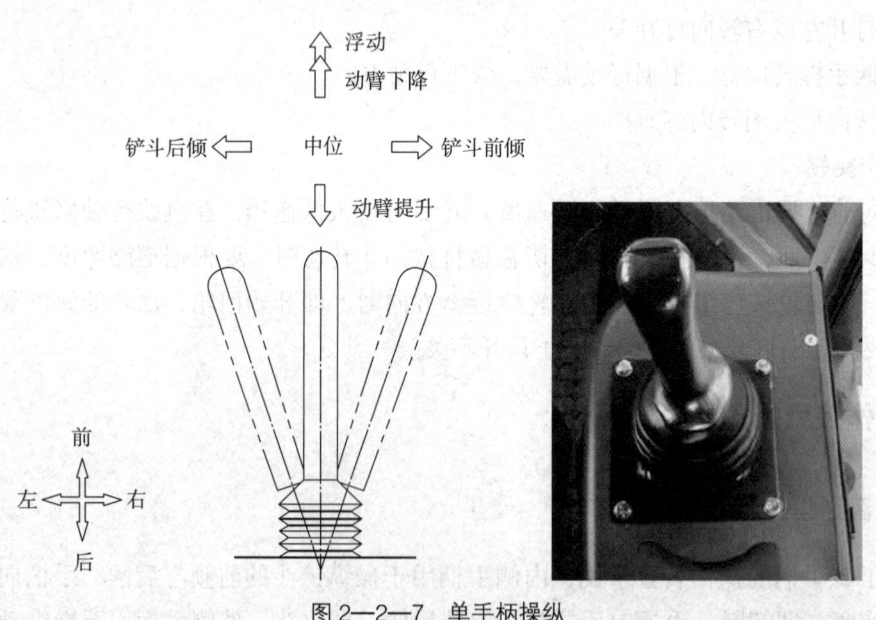

图 2—2—7 单手柄操纵

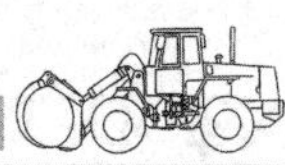

五、制动操作

装载机的制动系统主要有气推油制动和全液压制动两种制动形式。气推油制动形式目前应用最广，其主要特点是发动机自带打气泵为制动系统提供气源。由于气体压力不能达到制动的压力要求，所以采用加力泵来实现增压，通过脚制动阀来控制制动。其主要优点是便于维护，由于该系统在加力泵之前是气体介质，维护时不会弄得到处是油，比较环保。另外该系统技术比较成熟，成本比较低。但是，由于该制动系统采用气、液两种介质，需要两套管路，装载机排气时，噪声比较大，此外也易产生气阻，导致制动失灵，容易造成危险，需要单独加制动液，所以国内基本在 6 t 以下的装载机上使用该系统，大吨位的装载机由于需要的制动压力较高，需要采用全液压制动。

1. 正常制动

行车制动系统是用于经常性一般行驶中速度的控制及停车，也称脚制动。ZL50G 型装载机行车制动采用气顶油钳盘式制动，具有制动平稳、安全可靠、结构简单、维修方便、沾水复原性好等特点。

ZL50G 型装载机行车制动系统为气顶油钳盘式制动的单管路制动系统。由空压机、反馈阀、单向阀、安全阀、空气罐、单管路气制动阀、加力泵、钳盘式制动器及气、油管路组成。空压机由发动机带动，压缩空气经单向阀进入空气罐，压力为 0.78 MPa。踩下制动阀踏板，空气罐里的压缩空气分两路分别进入前、后加力泵的气缸，推动气缸里的气活塞，并带动油活塞，给制动液加压（油压约 12 MPa）。压力油推动钳盘式制动器的活塞，使摩擦片压紧在制动盘上，实施制动。松开制动阀踏板，在弹簧力作用下，加力泵内的压缩空气从制动阀处排出到大气，活塞复位，制动液回到加力泵油杯，制动解除。制动系统如图 2—2—8 所示。

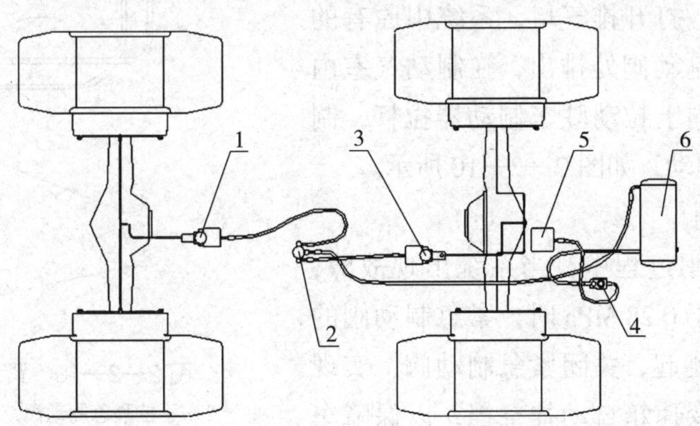

图 2—2—8　制动系统

1—前空气加力泵　2—加力泵　3—后空气加力泵　4—油水分离器　5—空压机　6—储气筒

2. 紧急制动（图 2—2—9）

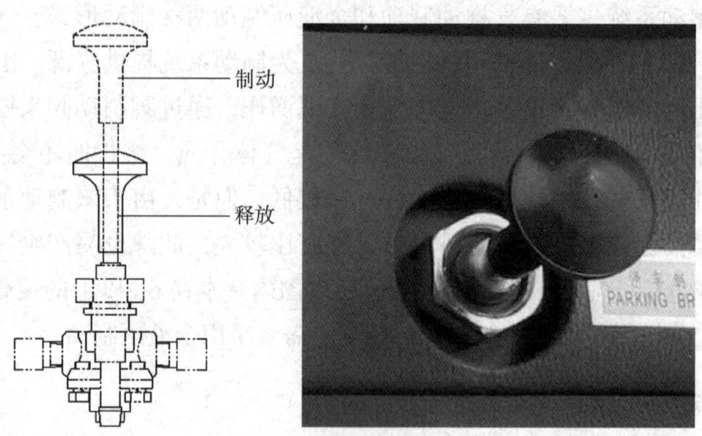

图 2—2—9　紧急制动按钮

紧急制动用于停车后的制动，或者在行车制动失效时的应急制动。此外，当制动气压低于安全气压 0.28 MPa 时，该系统自动使装载机紧急停车，确保整机及人员安全。

紧急制动系统主要由紧急制动阀控制按钮、顶杆、紧急制动阀、制动气室、驻车制动器及变速操纵阀等组成。紧急制动有两种控制方式：人工控制和自动控制。

（1）人工控制

当系统压缩空气的压力在正常使用范围时，从空气罐中来的压缩空气进入紧急制动阀，按下紧急制动阀控制按钮，打开紧急制动阀进气口，关闭排气口。压缩空气通过紧急制动阀进入制动气室，向下推动驻车制动器拉杆，制动蹄松开，解除制动。当需紧急制动或停车时，拉起紧急制动阀控制按钮，关闭紧急制动阀进气口，打开排气口，系统中原有的压缩空气从紧急制动阀处排出，在制动气室内弹簧的作用下，向上拉动驻车制动器拉杆，制动蹄张开，实施制动，如图 2—2—10 所示。

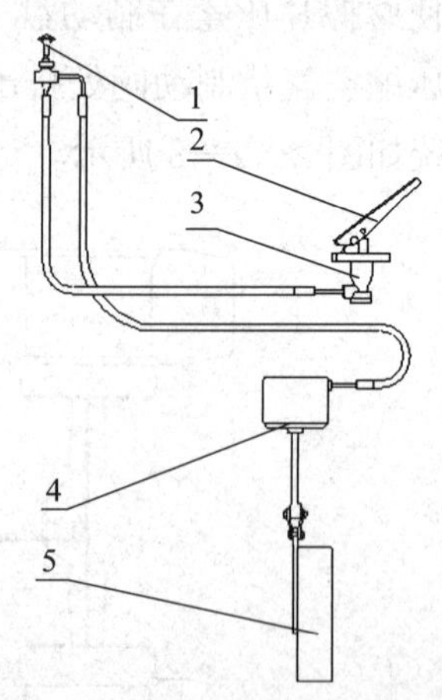

图 2—2—10　紧急制动示意图
1—手控紧急制动阀　2—操纵驻车制动
3—气制动阀　4—驻车制动室　5—制动器

（2）自动控制

在装载机使用过程中，当系统出现故障，导致制动气压低于 0.28 MPa 时，紧急制动阀的控制按钮会自动跳起，关闭紧急制动阀，实现紧急制动，同时变速箱自动挂空挡，以保障车辆及人员安全。

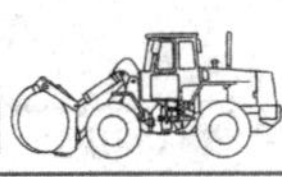

六、动力切断操作

如图 2—2—11 所示，当动力切断开关处于断开时，装载机在制动的过程中，发动机传递到变速箱的力矩不会中断，而是通过液力变矩器的自适应特性来进行调节，即通过液压油发热的方式来消耗能量。

如图 2—2—12 所示，当动力切断开关处于接通时，发动机起动，会有气体进入动力切断阀右侧，克服左侧弹簧力将阀杆向左推，液压油按图示方向供油，此时操纵换挡杆即可通过行星排的各元件的结合实现换挡；当制动时，切断阀右侧不再提供气体，左侧弹簧将阀杆向右推，堵住来油，切断动力，此时无法进行换挡操作，这种设计可以有效降低制动时带来的阻力矩，降低液力变矩器中液压油的温度。

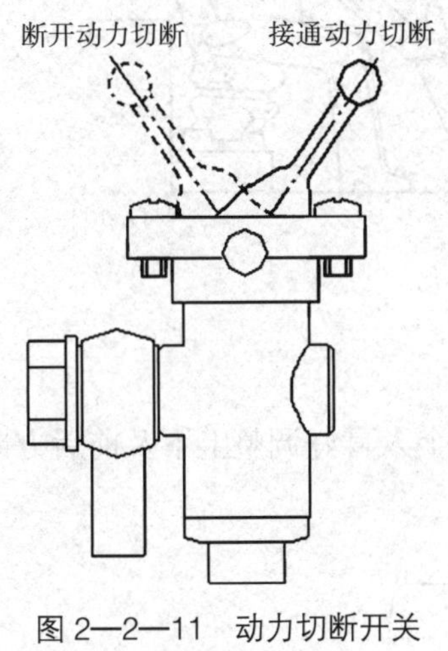

图 2—2—11　动力切断开关

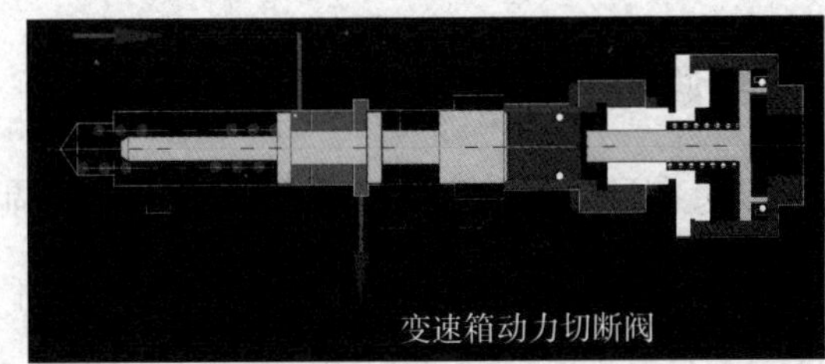

图 2—2—12　动力切断原理图

七、停机操作

使铲斗保持与地面水平的状态接地。停车时应选择安全的地方（平坦宽敞），并按以下程序进行（图 2—2—13）。

松开加速踏板，踩下制动踏板。让柴油机在 750 r/min 左右的转速下运转，拉紧手制动操纵杆，使其处于制动状态。运转 3 ~ 5 min，以便各部分均匀冷却，然后转动点火钥匙至“OFF”位置，使柴油机停止运转。车停稳后，将变速杆挂至空挡。

停车时，要观察周围的环境，尤其是在挖土、挖山的减少式作业环境中。需要坡上停车时可将铲斗扎在地上，或者将车与坡成 90° 横放在当中。在道路上作业时，应尽量靠边靠右停车，预留出过往车辆的通行宽度。

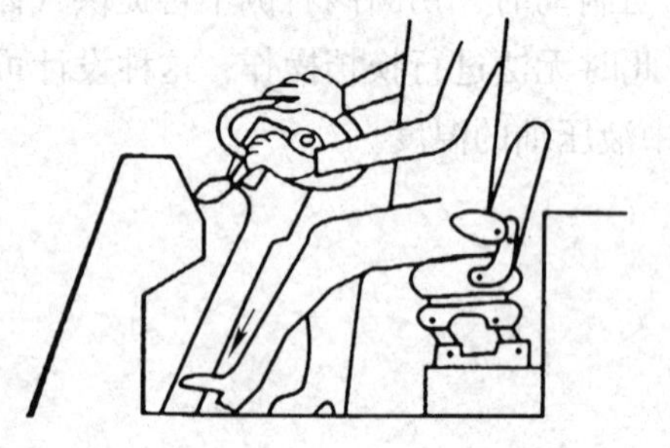

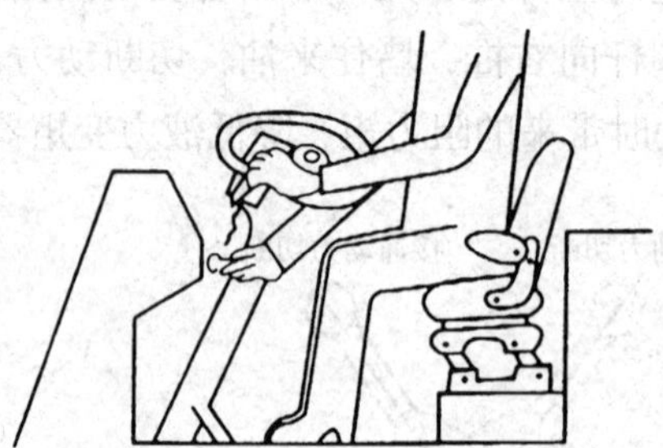

图 2—2—13　停机操作

八、座椅调整

驾驶员在进入驾驶室后，需要对座椅进行调节，根据个人喜好调整上下及前后方向，增加驾驶舒适性，如图 2—2—14 所示。

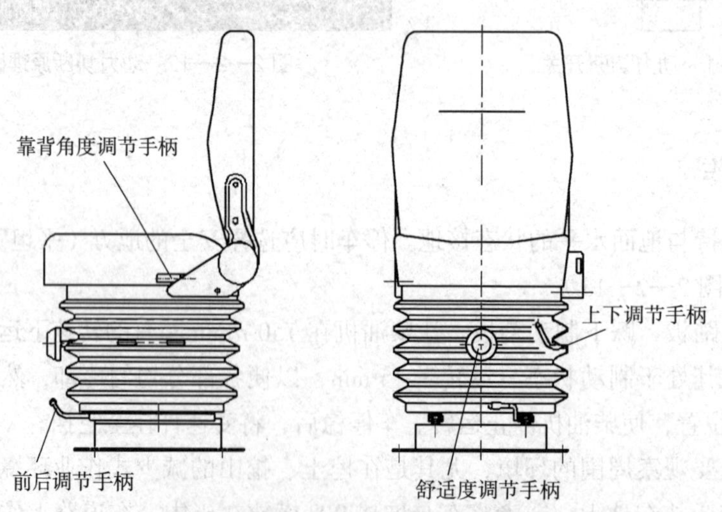

图 2—2—14　双向减震座椅的调节

课题3　装载机作业操作

学习目标

1. 熟悉装载机常见的铲装方法。
2. 掌握装载机铲装作业操作方法及注意事项。

一、铲装作业

1. 铲装方法

不同的铲装方法对作业阻力和铲斗的装满程度有很大影响，工作时主要根据铲装的物料种类（容重、粒度大小等）、料堆高度等选用不同的铲装方法。

（1）一次铲装法

装载机直线前进，铲斗刀刃插入料堆，直到铲斗后臂与料堆接触，装载机停止前进，铲斗转至装满位置，然后提升动臂至运输高度（铲斗下铰点离地面高度约为400 mm），如图2—3—1所示。

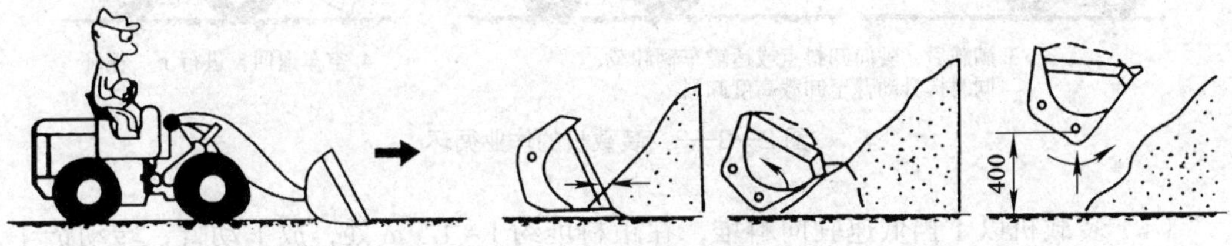

图2—3—1　一次铲装法

一次铲装是最简单的铲装方法，对驾驶员操作水平要求不高，但其作业阻力大，需要把铲斗很深地插入料堆，因而要求装载机有比较大的插入力，同时需要很大的功率来克服铲斗上翻时的转斗阻力，仅用来铲装容重小的松散物料，如砂、煤、焦炭等。

（2）配合铲装法

装载机在前进的同时，配合以转斗或动臂提升的动作进行的铲装作业。

当铲斗插入料堆（插入深度约为0.2 ~ 0.5斗深）的同时，间断地操纵铲斗上翻，并配合动臂的提升直至装满铲斗，如图2—3—2所示。

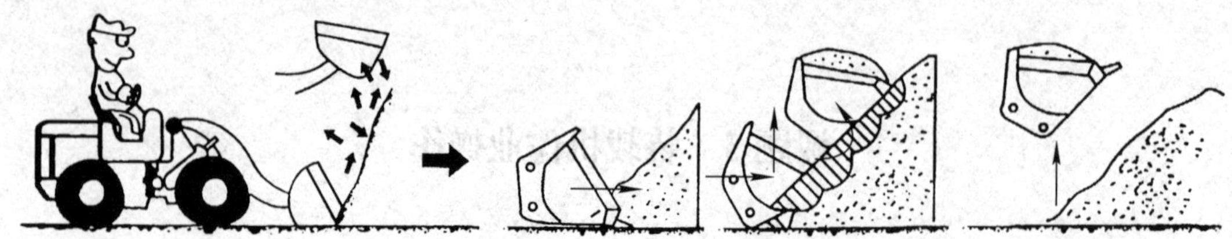

图 2—3—2　配合铲装法

采用配合铲装法，铲斗不需要插得很深，插入运动与铲斗转动、提升运动的配合，使插入阻力大大减小，斗也容易装满，是一种比较理想的作业方法，但要求驾驶员具有较高的操作水平。

2. 铲装作业操作

装载机的作业循环包括四个过程（图 2—3—3）。

图 2—3—3　装载机的作业循环

（1）装载机以Ⅰ挡低速驶向料堆，在距料堆约 1 ~ 1.5 m 处，放下动臂，转动铲斗，使铲斗刀刃接地，铲斗斗底与地面成 3° ~ 7° 前倾角，低速插入料堆。

（2）装载机以全力插入料堆，并间断地操纵铲斗转动和动臂上升，直至满斗，把铲斗上翻，动臂提升至运输位置。

（3）装载机满载后退，然后驶向卸料点或运输车辆，同时提升动臂至卸载高度卸料。当物料粘积在铲斗上时，可来回扳动转斗操纵杆，使物料弹振脱落。

（4）空车退回，同时动臂下降至运输位置，装载机返回至装料点进行下一个工作循环。

3. 铲装作业注意事项

（1）作业时，应使铲斗的两侧均匀负担荷重，不可只使一侧负荷。

（2）若车轮出现打滑现象，应及时、适当地收缩加速踏板，减轻载荷，避免勉强作业。

二、装载作业

1. 装车作业

与自卸车配合，一般采用以下四种作业方案：

（1）V 型作业法

这种方法可保证得到最小的工作循环时间，作业效率较高。

V 型作业法如图 2—3—4 所示，具体操作如下：

1）自卸车与装载机驶向料堆的方向成 60° 夹角停放，装载机满载后，挂倒挡后退 3 ~ 5 m。

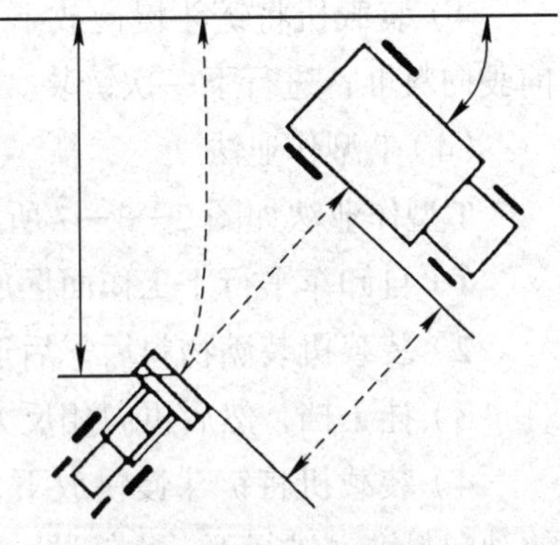

图 2—3—4　V 型作业法

2）向右打转向使转向油缸与铰接车架成 35°。

3）挂前进 I 挡，操纵手柄提升动臂至卸高位置，慢慢靠近自卸车车厢。

4）操纵手柄缓慢转动铲斗，将物料轻轻卸至车厢，挂倒挡空车退回，同时动臂下降至运输位置，装载机返回至装料点进行下一个工作循环。

（2）I 型作业法

自卸车平行于工作面适时地往复前进与后退，装载机则穿梭般地垂直于工作面直线前进与后退进行作业，所以这种作业方法称为 I 型作业法，也叫穿梭作业法。

I 型作业法省去了装载机的调车时间，但增加了自卸车前进和后退的次数，因此采用这种作业方式，装载机的作业循环时间取决于装载机与自卸车的司机配合作业的熟练程度。

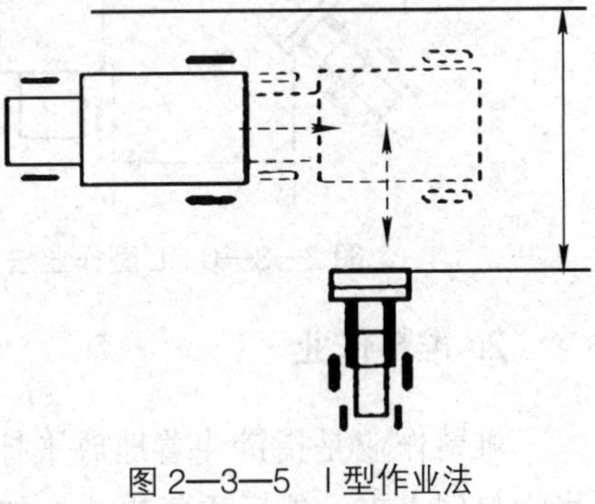

图 2—3—5　I 型作业法

I 型作业法如图 2—3—5 所示，具体操作如下：

1）自卸车与装载机成 90° 摆放，工作时自卸车前进让出一个车位的距离。

2）装载机装满物料后，后退至卸载位置，并操纵手柄提升动臂至卸高位置。

3）自卸车后退一个车位的距离。

4）装载机将铲斗慢慢放下，将物料轻轻卸至车厢，然后自卸车前进让出一个车位的距离，装载机前进至装料点进行下一个工作循环。

（3）L 型作业法

这种作业方式适合于运距较小、作业场合较宽的作业环境，装载机可同时与两台自卸车配合工作。

L 型作业法如图 2—3—6 所示，具体操作如下：

1）自卸车垂直于工作面，与装载机平行摆放。

2）装载机装满物料后，后退并右转（或左转）90°。

3）挂 I 挡并操纵手柄提升动臂至卸高位置。

4）装载机将铲斗慢慢放下，将物料轻轻卸至车厢，挂倒挡后退并调转 90°，然后向前驶向料堆，进行下一次铲装。

（4）T 型作业法

T 型作业法如图 2—3—7 所示，具体操作如下：

1）自卸车平行于工作面摆放，且距离物料较远。

2）装载机装满物料后，后退并右转（或左转）90°。

3）挂 I 挡，然后再向相反方向转 90° 并操纵手柄提升动臂至卸料位置。

4）装载机将铲斗慢慢放下，将物料轻轻卸至车厢，挂倒挡后退并调转 90°，然后向前驶向料堆，进行下一次铲装。

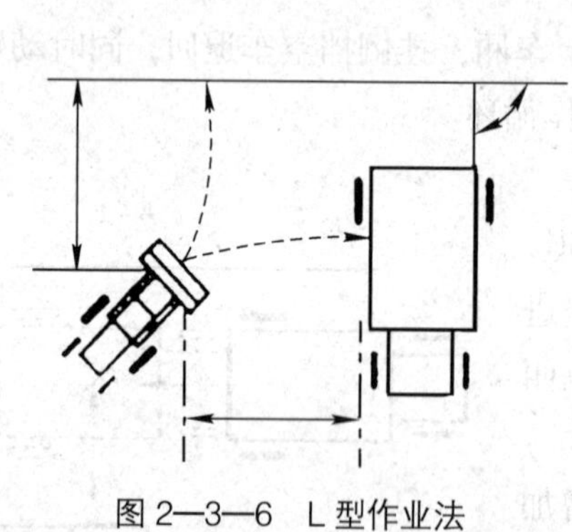

图 2—3—6　L 型作业法

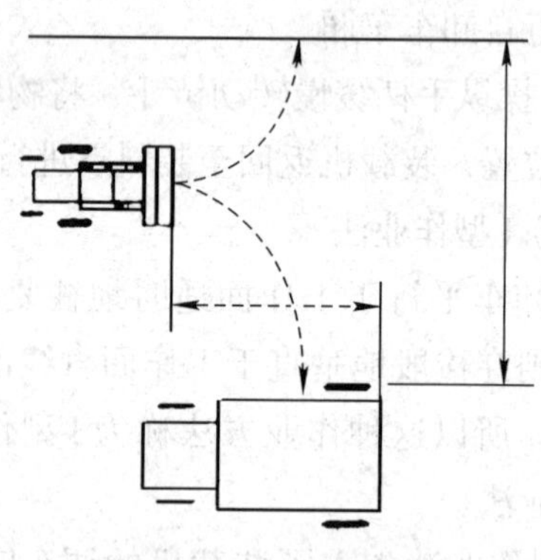

图 2—3—7　T 型作业法

2. 堆料作业

堆料作业是指铲斗着地放平挂 I 挡向前推，铲斗满了就升高一点，推到堆料的地方将物料倒出来，然后重复操作。如果料多就推成斜坡保证装载机可以一直往前开，一层一层往前推，这样可以堆得更高、更多。

堆料作业具体操作如下：

（1）装载机放下动臂，铲斗放平至距地面 5 cm，以 I 挡低速向前推进。

（2）铲斗堆满物料后，间断地操纵铲斗转动和动臂上升，直至满斗，把铲斗上翻，动臂提升至运输位置。

（3）装载机满载后退，然后驶向卸料点。

（4）空车退回，同时动臂下降，装载机返回至堆料点进行下一个工作循环。

3. 装载作业注意事项

（1）将漏掉在行走路面上的沙土岩石及时用铲斗铲清，可以防止轮胎损坏，因此行车路面要时常清理。

（2）装载作业时应注意路面，按不使装载物散乱掉下的速度，同时降低铲斗高度进行行走。

三、找平作业

找平分为粗找平、精找平。

1. 找平作业操作

（1）粗找平

粗找平作业如图 2—3—8 所示，具体操作如下：

1）装载机放下动臂，铲斗前倾 10° ~ 15°，铲斗的斗尖与地面接触。

2）以倒挡低速后退，进行平整作业。

（2）精找平

精找平作业如图 2—3—9 所示，具体操作如下：

1）将铲斗内装满沙土，并与地面保持水平状态接地。

2）将动臂手柄放在“浮动”位置，然后挂倒挡缓慢后退。

图 2—3—8　粗找平

图 2—3—9　精找平

推软地面时（例如刚铺的小石子），平铲慢慢推着往前走；如果是砂石料之类的硬料，就要把铲子稍往下压一些，但要让大臂刚刚贴上地面且不要有往下的压力。如果遇到凸起，可以稍压下大臂，刚铺完的料如果不要求纯平可以用压铲的方式往回拖，遇到较大的凸起可以压下大铲，反之就以大臂刚搭上地面，用大臂的浮动动作为佳，这里车速一定要慢，否则会出现反效果。

2. 找平作业注意事项

（1）整地作业务必使车辆后退进行。在不得已进行行进中整地作业的情况下，保持铲斗的前倾角为 0°～10°。

（2）作业时，发动机水温不应超过 90℃，变矩油温不应超过 110℃，制动气压不得低于 0.44 MPa，否则应立即停止作业，查明原因。

四、牵引作业

1. 牵引作业

若在施工过程中出现车辆不能起动、无法移动的情况，需要用装载机进行牵引。此时需用牵引绳索将装载机与损坏车辆固定，然后起动装载机，慢慢踩下加速踏板，使装载机缓慢前进至安全地方，如图 2—3—10 所示。

图 2—3—10　牵引作业

2. 牵引作业具体操作

（1）将装载机尾部配重的牵引销提起。

（2）将牵引绳索穿入牵引销孔，并将牵引销落下到位，牵引绳索另一端与被牵引车辆连接牢固。

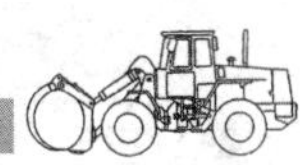

（3）起动装载机，挂 I 挡缓慢前进至安全地方进行维修。

3. 牵引作业注意事项

（1）在牵引装载机之前，先检查牵引绳索（拉杆）的状态，确保牵引绳索（拉杆）具有足够的强度来牵引装载机。牵引绳索（拉杆）的抗拉强度应是所牵引装载机整机重量的 1.5 倍。使用牵引绳索（拉杆）既可牵引陷在泥泞中的装载机，也可牵引坡面上的装载机。

（2）牵引车辆时，被牵引的车辆必须有完善的制动功能，否则不能牵引。

（3）牵引速度不超过 10 km/h。

（4）保证牵引角度不超过 30°。

（5）在安全的地段设置一位观察者，进行指挥提醒。

五、运输作业

1. 运输作业具体操作（图 2—3—11）

（1）将平板车停放至装车平台（或平板车后面有装车爬梯）。

（2）将装载机停放至装车平台，背对平板车。

（3）将铲斗收斗至极限位置，升起一定高度，以上装车平台不碰触到地面为宜。

（4）挂倒挡，慢慢踩下加速踏板，控制好车速。

（5）观察后视镜，将装载机停放至平板车中间位置，落动臂，铲斗放平。

（6）锁住安全固定杆，垫上楔块，并用绳索进行固定。

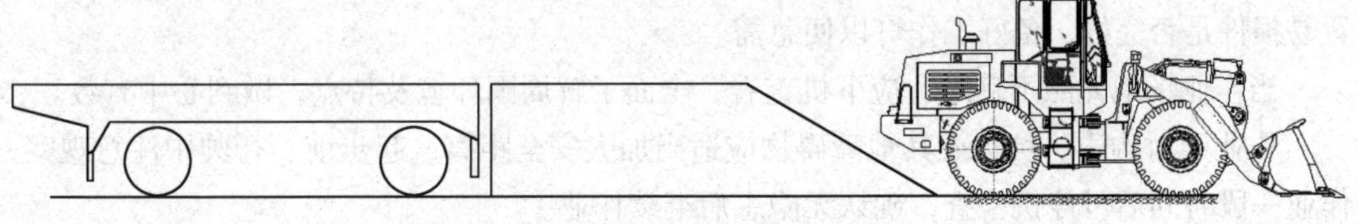

图 2—3—11　平板车运输装载机

2. 运输作业注意事项

（1）注意观察装载机后视镜，使车身与平板车保持对称。

（2）上平板车时，动臂不可提升过高，否则影响视线。

六、特殊工况作业

1. 涉水作业

涉水时先查看地况，判断是河槽床还是土沙床、淤泥床。对于河槽床，一般都是河卵石，可不考虑；对于淤泥床、土沙床，通过时应查看地况判断是否能承载车辆的重量。下水点、上岸点都要提前仔细规划，需要折回时尽量不要沿上次的车辙行驶，可采用错开车辙的办法来防止翻浆搁浅。至于涉水深度，尽量不要淹没发动机风扇叶，部分装载机采用塑料材质，若淹没很容易折损变形，甚至损坏水箱。

2. 上下坡作业

（1）上坡作业

上坡前铲斗应收斗至极限位置，升起一定高度，以上坡时不碰触坡道为宜，不可过高否则影响视线。挂低速挡，稍加大给油，控制好车速。

注意：上坡前一定将前后车架调整至与上坡道路成一直线，除非必要，上坡途中最好不要打方向或尽量少打方向，以免发生翻车事故。

（2）下坡作业

下坡时，可挂低速挡，不踩加速踏板，利用发动机制动，同时适当使用制动器控制好车速，铲斗位置与方向的使用与上坡时相同，不可挂空挡滑行。

注意：如下陡坡，铲斗应落至地面，落地行驶，确保安全。

3. 夜间作业

装载机夜间作业前必须检查保养全车电气设备，检查燃油、润滑油质量以及工作装置易损件是否完好，备好工作灯以便急需。

当作业场地光照不良时，应下机查看，全面了解周围环境及特点，做到心中有数。

作业中对沟边、坑边或其他障碍物应适当加大安全距离，起步前、行驶中注意观察，作业一段时间后可停机检查，确认无隐患后继续作业。

夜间对于距离的远近、地面的高低容易发生错判，要维持适合于照明的速度行进，作业时要点亮前大灯和顶灯等。

4. 吊装行驶

为确保作业安全，驾驶员起吊设备时应让配合人员绳索挂短，多挂斗齿来缩短起吊高度，使设备起吊时与地面保持安全高度，还可以降低大臂，使车的重心点降低保持整体车的平稳状态，从而减小视线盲区，必要时也可倒车行驶，让引导员处于自己的视线

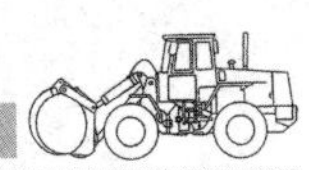

范围内，从而提高安全性。

5. 高堆行驶

采石厂、开山路的作业中都会遇到高堆行驶的问题。由于山路大多顺势山体，盘旋而上，石头居多，易塌方，易甩尾，很难进行排除工作，这时一般都会修一条简路，让装载机先开上去，待折回下山时就需要精修道路，遇到铲不起的石头，就会出现翘尾、甩尾等情况，而这对盘旋在悬崖边上的大型车辆来说是不允许发生的。

因此，除去每天检查车况、性能、三油一水外，行驶过程中，不可猛踩加速踏板，防止轮胎空滑现象，不可猛打方向，遇到难清除的障碍物时可用大臂降低贴合地面、铲斗微微翘起的状态，使之降低重心，让铲斗与地面形成夹角慢慢收斗来完成清除作业。

模块三 装载机维护与保养

为了使装载机保持正常运转，延长其使用寿命，必须对装载机进行日常检查与定期保养，具体内容包括对装载机各个部件、系统进行常规、定期的检查、调整、清洗、补给及更换等，以创造装载机正常运转所需要的工作条件，预防装载机早期磨损而可能产生的各种故障，充分发挥装载机的工作性能。因此，在装载机的使用前后以及操作过程中必须认真做好维护保养工作。

课题1　装载机日常检查与定期保养

学习目标

1. 熟悉日常检查的内容。
2. 掌握日常检查的方法。

一、日常维护

1. 每天上车前，绕车检查装载机各系统有无泄漏等异常情况，目测检查散热风扇和驱动带。

2. 检查发动机冷却液液面和机油油位是否在规定范围之内，有无泄漏现象，如图3—1—1、图3—1—2所示。

图3—1—1　检查发动机冷却液液位

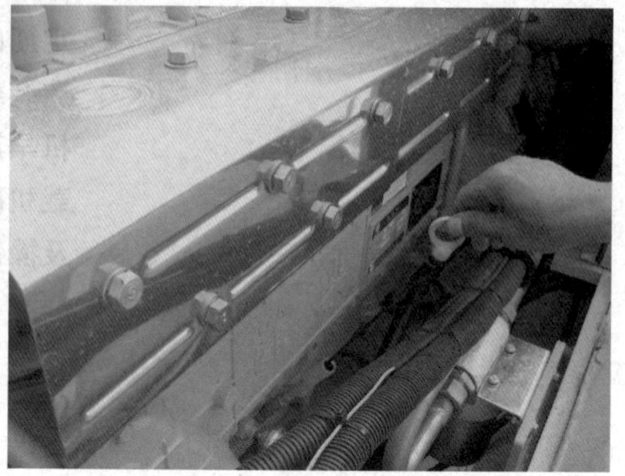

图3—1—2　检查发动机机油油位

3. 检查液压油箱的油位和液压管路的连接情况，检查有无泄漏现象，检查空气滤清器服务指示器是否在规定范围之内，如图3—1—3、图3—1—4所示。

4. 检查燃油油位，排除燃油滤清器中的水和杂质，如图3—1—5、图3—1—6所示。

5. 检查装载机轮胎是否损坏，轮胎胎压是否正常。

6. 检查蓄电池、发电机、起动机等主要电器元件是否损坏及导线连接情况，检查发动机风扇和驱动带，如图3—1—7所示。

7. 检查装载机灯光及仪表、开关是否正常。

8. 按照装载机整机润滑图的指示，向各传动轴加注润滑脂，如图3—1—8所示。

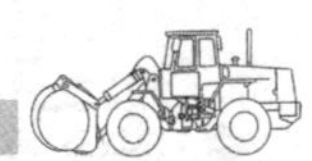

图 3—1—3 检查液压油油位

图 3—1—4 检查空气滤清器服务指示器

图 3—1—5 检查燃油油位

图 3—1—6 排除燃油滤清器中的水和杂质

图 3—1—7 检查发动机风扇和驱动带

图 3—1—8 向铲斗、拉杆、摇臂、动臂、动臂油缸、转斗油缸各润滑点加注润滑脂

9. 向下拉动储气罐下方的手动放水阀的拉环，给储气罐放水，如图 3—1—9 所示。

10. 装载机在冬季起动时，要先预热，预热时间为 15 ~ 20 min，预热由低速到中速。在预热过程中，水温达到 40℃时，慢慢行走，活动工作操纵杆，水温达到 60℃时才能正常工作。

11. 在日常作业过程中车速不要太快，严禁使用Ⅱ挡装载物料，因为使用Ⅱ挡装载物料时会严重损坏动力换挡变速箱内的超越离合器总成，降低其寿命。

图 3—1—9 打开储气罐下方的放水阀的拉环，排除储气罐中的水和杂质

12. 在高速行驶的情况下禁止紧急制动，紧急制动会使前后驱动桥的传动齿轮受到很大的冲击。

13. 在工作中认真检查装载机各仪表显示是否在正常范围之内，在正常情况下水温不能高于 80℃，因为节温器在 75℃会自动打开，高于 80℃应检查防冻液是否能实现大循环，同时检查散热风扇驱动带是否有松动。

在使用装载机的过程中，每天都要对其进行维护保养，装载机维护过程中的温度、压力等技术参数见表 3—1—1。

表 3—1—1 装载机技术参数

序号	技术参数	序号	技术参数
1	柴油机水温 55 ~ 95℃	5	变矩器油温 ≤ 110℃
2	机油压力 0.10 ~ 0.35 MPa	6	制动气压 0.5 ~ 0.78 MPa
3	变速箱机油压力 1.1 ~ 1.5 MPa	7	前轮胎压 0.32 ~ 0.35 MPa
4	机油温度 55 ~ 95℃	8	后轮胎压 0.28 ~ 0.30 MPa

二、定期保养

定期保养分为每 50、100、250、500、1 000、2 000 h 维护。

1. 定期保养作业

（1）每 50 h 维护

1）紧固前后传动轴连接螺栓，如图 3—1—10 所示。

2）检查制动泵油杯油量，如图 3—1—11 所示。

3）检查变速箱油位，如图 3—1—12 所示。

4）清洁蓄电池的接线柱并涂上凡士林，如图 3—1—13 所示。

5）检查加速操纵、手制动、变速操纵系统。

图 3—1—10 紧固前后传动轴连接螺栓

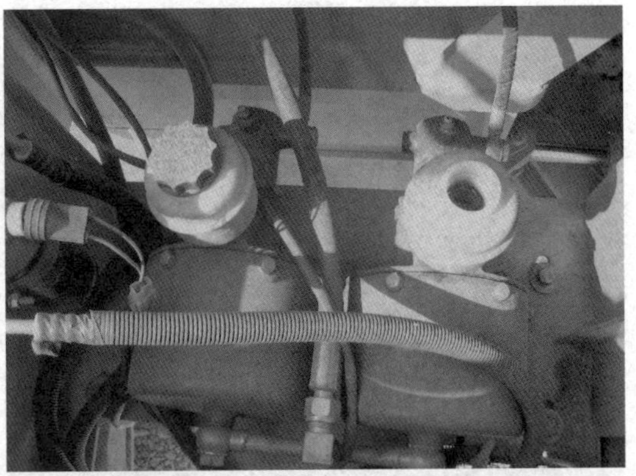

图 3—1—11 检查制动泵油杯油量

图 3—1—12 检查变速箱油位

图 3—1—13 清洁蓄电池的接线柱并涂上凡士林

6）向前后传动轴、转向油缸、前后车架铰接销、发动机风扇轴、后桥摆动架、驾驶室门铰链、后机罩线性驱动器各润滑点加注润滑脂，如图 3—1—14 至图 3—1—17 所示。

7）松开燃油箱底部的放油塞，使沉淀物和混合的水随燃油一起排出。

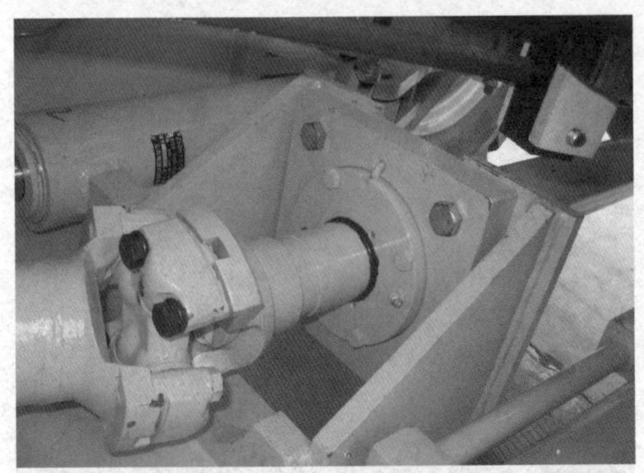

图 3—1—14 向前后传动轴加注润滑脂

图 3—1—15 向转向油缸、前后车架铰接销加注润滑脂

图 3—1—16 向发动机风扇轴加注润滑脂

图 3—1—17 向后桥摆动架加注润滑脂

（2）每 100 h 维护

1）检查轮辋与制动盘固定螺栓紧度。

2）清扫发动机缸头，清洗或更换空气滤清器，如图 3—1—18、图 3—1—19 所示。

3）检查前后桥油位，如图 3—1—20 所示。

4）清扫散热器组，清洗燃油箱加油滤网，如图 3—1—21、图 3—1—22 所示。

5）作业前在冷状态下测量轮胎充气压力，前轮应为 0.32 ~ 0.35 MPa、后轮应为 0.28 ~ 0.30 MPa，紧固轮辋、制动钳固定螺栓，如图 3—1—23 所示。

6）检查发动机油量，如有需要，可从滤油口加入发动机油。

（3）每 250 h 维护

1）只有在第一个 250 h 作业后，才进行以下的维护：

①燃油滤清器：更换滤芯，如图 3—1—24 所示。

②变速箱滤油器：更换滤芯。

③发动机气门间隙：检查和调整，如图 3—1—25 所示。

图 3—1—18 清扫发动机缸头

图 3—1—19 清洗或更换空气滤清器

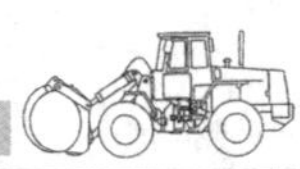

图 3—1—20　检查前后桥油位

图 3—1—21　清扫散热器组

图 3—1—22　清洗燃油箱加油滤网

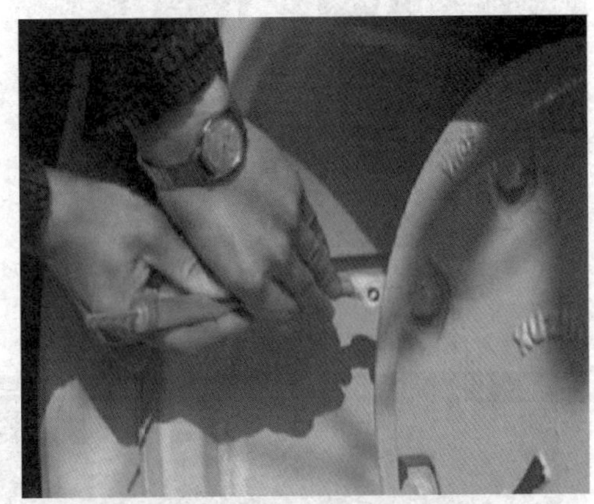

图 3—1—23　作业前在冷状态下测量轮胎气压

图 3—1—24　更换燃油滤清器滤芯

图 3—1—25　检查和调整发动机气门间隙

2）更换燃油滤清器（图 3—1—26），更换发动机机油（图 3—1—27），清洗变速箱油滤清器（图 3—1—28）。

3）测量和添加蓄电池电解液并清洗蓄电池表面，接头涂薄层凡士林。

4）检查工作装置、前后车架、副车架各受力焊缝和固定螺栓是否有裂缝与松动，紧固轮毂螺母。

5）检查制动盘、制动钳摩擦片磨损情况，对制动系统进行放气，如图 3—1—29 所示。

图 3—1—26 更换燃油滤清器

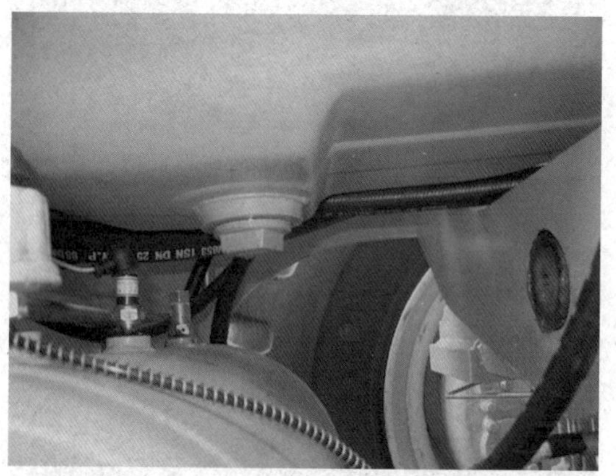

图 3—1—27 更换发动机机油

图 3—1—28 清洗变速箱油滤清器

图 3—1—29 检查制动盘、摩擦片磨损情况

6）调整风扇驱动带张紧度。在发电机带轮和风扇驱动带中间位置用手指下压（约 6 kg 力），正常的张紧挠度应约 10 mm。调整后，牢牢地拧紧锁紧螺栓和螺母。

7）在铲斗销、铲斗连杆销、动臂销、摇臂销、转斗缸销、提升缸销、提升臂销、转向缸销等处加注润滑脂。

（4）每 500 h 维护（同时应进行每 50、100 和 250 h 的维护）

1）变速箱更换新油，清洗变速箱油底壳滤网，如图 3—1—30 所示。

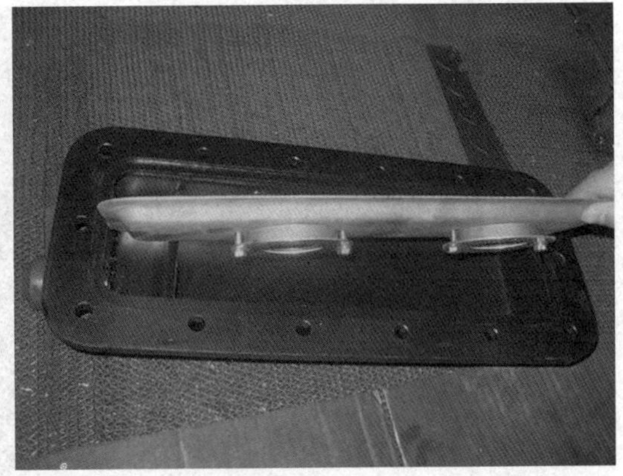

图 3—1—30　更换变速箱油，清洗变速箱油底壳滤网

2）紧固前后桥与车架连接螺栓。

3）检查调整驻车制动间隙，如图 3—1—31 所示。

图 3—1—31　检查驻车制动蹄片与制动鼓磨损情况

4）更换柴油机机油。

5）在主传动轴、前传动轴和后传动轴润滑脂嘴处加注润滑脂。

6）检查盘式制动器的磨损。

如果制动垫磨损超出最大极限，制动不灵是非常危险的。当制动垫磨损达到接近极限时需要更频繁地检查。

（5）每 1 000 h 维护（同时应进行每 50、100、250 和 500 h 维护）

1）更换前后桥齿轮油。

2）更换液压系统工作油，清洗油箱滤油器，如图 3—1—32 所示；清洗变速箱、变矩器通气口。

3）检查并清洗制动加力泵，更换制动油；顶起车架，转动车轮，检查制动灵敏性。

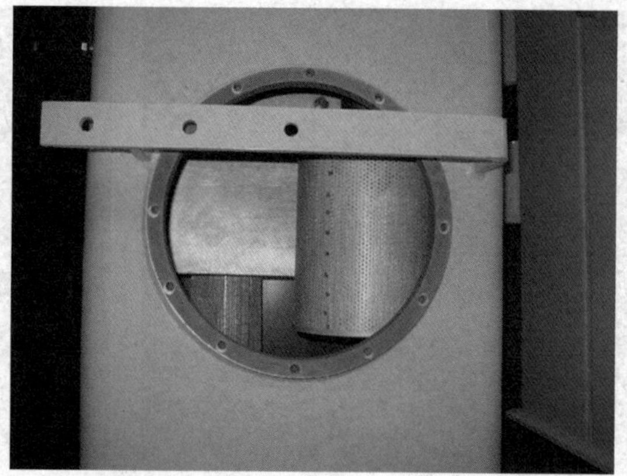

图 3—1—32　更换液压油和液压油箱滤清器，清洗油箱，检查吸油管

4）清洗柴油箱滤油器。

5）在铰接销、前后传动轴、主传动轴、驻车制动夹钳等处加注润滑脂。

6）调整涡轮增压器叶轮间隙，紧固涡轮增压器各种紧固件。

（6）每 2 000 h 维护（同时应进行每 50、100、250、500 和 1 000 h 维护）

1）按柴油机说明书对发动机进行检修。

2）对变矩器、变速箱进行检修。

3）对前后桥、差速器、轮边减速器进行解体检查。

4）对转向机、转向阀等进行解体检查并校正转向角度。

5）通过工作油缸的自然下降量，检查多路阀、工作油缸的密封性并测量系统工作压力。下降量超过规定值的 1 倍，应解体检查油缸和分配阀。

6）检查工作装置、车架各部焊缝是否有裂纹以及螺栓、螺母紧固情况。

7）检查轮辋焊缝以及各受力部位，并校正其变形。

2. 装载机各系统的定期保养内容

（1）传动系统定期保养内容见表 3—1—2。

（2）工作装置及工作液压系统定期保养内容见表 3—1—3。

（3）制动系统定期保养内容见表 3—1—4。

（4）电气系统定期保养内容见表 3—1—5。

（5）转向液压系统定期保养内容见表 3—1—6。

（6）其他定期保养内容见表 3—1—7。

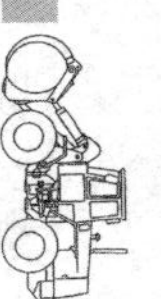

表 3—1—2　　传动系统定期保养内容

检查项目	检查时间					
	每 10 h	每 50 h	每 100 h	每 250 h	每 500 h	每 1 000 h
液力变矩器、变速箱的油量	●			◇仅是初次		
传动轴螺栓的松动	●			●润滑脂		
驱动桥桥壳的通气孔					△	
差速器油的更换				◇仅是初次		◇每 2 000 h
最终减速器油的更换				◇仅是初次		◇每 2 000 h
变速箱粗过滤网					★	
管路滤清器的滤芯					◇	
轮胎的损坏、气压	●					
变速杆挂挡情况	●					

注：“●”表示检查，“★”表示补给，“◇”表示更换，“△”表示清扫。余表同。

表 3—1—3　工作装置及工作液压系统定期保养内容

检查项目	检查时间					
	每 10 h	每 50 h	每 100 h	每 250 h	每 500 h	每 1 000 h
工作装置操纵杆的间隙、动作状态	●				●润滑脂	
动臂、铲斗的损坏	●					
斗齿、切削刃等的磨损状态	●					
液压油缸的污垢、损坏	●					
工作油箱的油量		●杂物排泄				◇每 2 000 h
工作油箱的滤油器						◇
供给润滑脂			★			

表 3—1—4　制动系统定期保养内容

检查项目	检查时间					
	每 10 h	每 50 h	每 100 h	每 250 h	每 500 h	每 1 000 h
制动油量、漏油	●					
制动动作状态	●					
制动踏板的制动效果、间隙	●					
制动摩擦片的磨损		●				
盘式制动器螺栓的松动			●			
手制动效果及定位情况	●					
驻车制动器摩擦片的磨损状态			●			
驻车制动鼓的磨损状态				●		

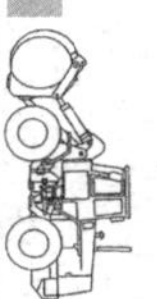

表 3—1—5　电气系统定期保养内容

检查项目		检查时间					
		每 10 h	每 50 h	每 100 h	每 250 h	每 500 h	每 1 000 h
蓄电池	电解液量		●				
	相对密度			●			
充电作用			●				
电气配线连接部位的松动							
仪表类的动作、灯类的点灯状态、喇叭声音		●					
起动电动机、发动机的磨耗、污损					●		

表 3—1—6　转向液压系统定期保养内容

检查项目	检查时间					
	每 10 h	每 50 h	每 100 h	每 250 h	每 500h	每 1 000 h
转向油缸的动作状态	●		★润滑脂			
动力转向装置橡胶管						每 4 年
转向盘的松动、间隙	●					
车架铰接中心销			★润滑脂			

表 3—1—7　其他定期保养内容

检查项目	检查时间					
	每 10 h	每 50 h	每 100 h	每 250 h	每 500 h	每 1 000 h
清扫车辆	●					
主要紧固螺栓的紧固	●每一次		●			
各部漏油	●					
管道的损坏	●					
泵、阀的异常声响	●					
前日出现异常之处	●					

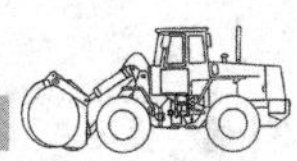

三、特殊环境下的保养

在冬季保养过程中经常会出现防冻液进入机油、散热器漏水等多种问题，另外在进入严冬前更换相应的柴油和润滑油也是必不可少的，因此，在开展冬季保养之前应充分做好各项准备工作。

1. 选择优质防冻液

衡量防冻液主要有两项指标：一是冰点，普通型防冻液冰点可达到—40℃，而优质防冻液能达到—60℃左右；二是沸点，防冻液沸点至少应达到108℃。防腐防锈性能也很重要，这直接关系到设备冷却系统的使用寿命。此外，还要考虑防结垢性，65%以上设备冷却系统都有水垢和铁锈，严重影响冷却系统的散热功能，因此，在更换防冻液之前，最好是先将散热器中的水垢及锈点清理干净后再加入防冻液。

一般情况下防冻液应每年更换一次，一年后防冻液的各项指标已达不到原来的护理要求。不同型号的防冻液一定不能混用，以免起化学反应、产生沉淀或气泡。

2. 水泵检查

有些设备在更换防冻液后出现机油内有防冻液的现象，这是由于水泵水封老化失效，造成防冻液通过水封进入润滑腔，最终到达油底壳内。因此，更换防冻液后应密切观察机油油位。发现油位升高，应停机检查，一般采用更换水泵水封或水泵总成的方法。

修复后要在机器空载怠速运转下，用新机油带走进入装载机配件——发动机润滑系统残留的防冻液。

注意：缩短下次更换机油的间隙时间，以确保发动机润滑系统正常发挥功效。

3. 冷却系统防腐滤芯

冷却系统防腐滤芯含有离子交换树脂、防蚀剂、镁板等添加剂，可以有效保护有关部件。离子交换树脂可防止水垢的形成；防蚀剂可以在冷却液套中形成防蚀膜以防止氧化；因为镁的金属活性比铁强，冷却液中的腐蚀性离子首先与镁板发生反应，可有效防止铁被腐蚀。此外，防腐滤芯还能过滤铁锈、水垢和泥沙。

防腐滤芯须与防冻液同期更换，而且防腐滤芯应在第1 000 h（发动机工作时间）更换，确保防腐滤芯起到有效保护作用。

4. 燃油油路维护

（1）正常选用燃油

要根据当地气温和柴油的冷滤点和凝点选择柴油。

（2）维护好燃油油路

彻底清洗油水分离器，确保外表干净，检查排污标识，及时排放杂质，对无法清洗干净的应更换。清洗柴油箱，确保将其底部的沉淀物清除干净。更换雾化不良的喷油嘴。校验工作情况不良的喷油油泵，确保正常工作。

5. 润滑油选用

应根据当地气温，结合润滑油的凝点、倾点和黏度选用合适的润滑油。

凝点高的润滑油不能在低温下使用。相反，在气温较高的地区则没有必要使用凝点低的润滑油。凝点和倾点都是润滑油低温流动性的指标，两者无原则性的区别，只是测定方法稍有不同。同一润滑油的凝点和倾点并不完全相同，一般倾点都高出凝点 2～3℃。

6. 设备三漏检修

热胀冷缩现象在液压系统、气路、水路的密封件，尤其是橡胶类 O 形圈、矩形圈等密封件上表现更为明显。气温持续低于 0℃时，机器会出现漏油、漏气、漏水现象，特别是气温持续接近—10℃时。在设备进入冬季前要对整机三漏情况进行全面检修，排除三漏故障和隐患。

7. 检修电气设备

冬季老化设备多发生起动困难故障，因此，换季保养时检查并更换老化电气线路和部件是避免起动困难必不可少的举措，此外还需彻底检查保养蓄电池。

暖风设备在冬季户外作业时必不可少，因此，在严冬之前应检查暖风设备工作情况，修复暖风设备。

课题 2 装载机常见故障处理

学习目标

1. 熟悉装载机动力系统常见故障现象。
2. 掌握装载机动力系统常见故障解决方法。

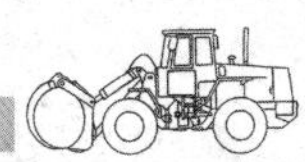

一、动力系统常见故障处理

1. 发动机尾气颜色异常（白烟）

（1）故障现象

起动后有冒白烟现象，踩加速踏板时有浓浓黑烟冒出。

（2）故障分析（表 3—2—1）

表 3—2—1　　发动机尾气颜色异常（白烟）故障分析

序号	导致故障的原因	解决思路
1	燃油质量差，含水分多	更换质量好的燃油
2	气缸中有水	检查气缸垫是否破损、泄漏
3	冷却水温过低	检查节温器
4	配气或供油时间不对	调整配气相位、供油时间
5	喷油雾化不良	更换喷油器
6	活塞环或气缸套过度磨损、气缸垫漏气，造成气缸内压缩压力低，燃烧不完全	更换活塞环、缸套、气缸垫
7	发动机温度过低，部分柴油未燃烧便变成油蒸气，从排气管中随废气排出，冒白烟	若燃烧一段时间后现象消失，为正常
8	供油系统中、燃油中或燃烧室中有水分，水在气缸内被燃烧放出的热量加热成水蒸气，从排气管排出形成白烟	更换质量好的燃油
9	喷油时间过迟，由于喷油时间晚，喷油时气缸温度已下降，部分柴油未燃烧变成油蒸气，冒白烟	检查并调整连接盘固定螺钉紧固情况以及键和键槽情况
10	喷油嘴雾化不良导致柴油未完全燃烧，和正常工作气缸排出的高温废气在排气管内汇合，从而冒白烟	更换喷油器
11	气缸压力过低，部分柴油未经燃烧就变成油蒸气，因此从排气管冒白烟	检查气门间隙

（3）故障排除举例

导致发动机冒白烟的原因有很多，一般情况会从气缸中有水蒸气进行考虑，主要是由于机体开裂或气缸垫损坏导致冷却液进入气缸，高温下冷却液蒸发成水蒸气随废气排到大气中，看到的现象就是冒白烟。

如果装载机起动后冒白烟，当踩下加速踏板后发动机开始冒出浓浓黑烟，上车读闪码，无故障代码，说明发动机数据没有问题，接下来就要从机械故障着手分析了，最后发现发动机中冷器后的一段进气管被吸扁。很显然，造成此故障的原因为整车进气系统存在堵塞，而且很严重，发动机起动后进气完全靠发动机自身的进气冲程活塞下行来吸气，导致气缸内可燃混合气形成质量非常差，燃烧不充分，最后排气管冒白烟，以及加速后冒黑烟。

初始判断是增压器到中冷器这段管路堵塞，拆卸后内部没有发现异物堵塞，中冷器内部堵塞的可能性很小，最后查到空滤芯后发现，第二级子滤芯装错了方向，把固定铁板一端装在了内侧，这样铁板就彻底把空滤器进气口堵死，直接造成发动机进气严重不足，燃烧恶化，加不上油，冒白烟。

柴油机工作无力、冒白烟时，可将手靠近排气管，当白烟掠过手面时有水珠，则说明气缸内已有水进入，此时可用单缸断油法找出漏水的气缸。

柴油机冒白烟时可提高发动机的工作温度，当水温为70℃左右时，排气烟色由冒白烟转为冒黑烟，便可判断为喷油器雾化不良、滴油，用逐缸断油的方法查出有故障的喷油器，然后校验喷油器。

柴油机刚起动时冒白烟、温度升高后变成冒黑烟，说明气缸压力不足，需要调整气缸压力。

柴油机高速运转时工作不均匀、加速不灵敏、温度过高、工作无力、排气管冒灰白色烟雾，说明喷油时间过迟，应检查并调整连接盘固定螺钉紧固情况以及键和键槽情况，慢慢提前喷油时间。

2. 冷却液温度过高

（1）故障现象

冷却液温度过高、沸腾，散热器加水口冒大量的水蒸气，汽车行驶无力。

（2）故障分析（表3—2—2）

表3—2—2　　冷却液温度过高故障分析

序号	导致故障的原因	解决思路
1	发动机冷却液不足	加注冷却液
2	水温传感器或水温表故障	检查传感器或水温表
3	百叶窗不能完全打开	检查百叶窗
4	混合气过稀或过浓	检查喷油量
5	水箱外部脏或内部水垢严重，造成散热不好	清理水箱或更换
6	风扇离合器接合时间过晚或冷却风扇不工作、风扇转动阻力过大、叶片装反、叶片损坏等	检查风扇离合器及叶片安装
7	水泵带过松，燃烧室积炭过多	更换带，清除积炭

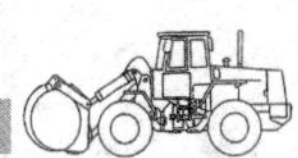

续表

序号	导致故障的原因	解决思路
8	“冲床”现象中的气通水	检查气缸垫
9	节温器开启不好	更换节温器
10	水路其他水管、弯头、水眼有堵塞情况	检查水道

备注：“冲床”是发动机的一种故障现象，表现为气缸垫烧穿，发动机运转无力，甚至会出现机油进入冷却水道。

（3）故障排除举例

检查时发现水散热器内冷却液不足，添加后起动柴油发动机，冷却液温度恢复正常，但使用不久温度再次升高，水散热器内冷却液再次减少。

进一步检查，发现冷却液从储液罐溢出。打开水散热器加注口盖，在迅速踩下加速踏板再收油时，冷却液从水散热器加注口喷出，由此怀疑水散热器芯堵塞或气缸垫烧蚀。拆检水散热器和气缸盖，结果二者均正常。

经询问驾驶员得知，该故障现象是在更换防冻液之后出现的，进而推断防冻液质量有问题。若加注了劣质防冻液，会使冷却液的沸点发生变化，冷却液中金属沉淀物增多，从而堵塞循环水道，造成冷却循环不畅。水套内的温度和蒸气压力升高后，冷却液将经水散热器加水口向外喷出。

处理方法如下：拆下水散热器下水管，用 1 根较粗的胶管一端接在水泵进口，另一端接冷却水；再拆下水散热器上水管，取下节温器；然后起动柴油发动机，利用循环水清洗水道，结果发现有大量污垢从水道中排出；水道清洗干净后，按规定加注符合要求的冷却液，故障消失。

3. 发动机不能起动

（1）故障现象

一般情况下，柴油机起动是比较容易的，起动时间不会超过 10 s。当发生起动困难故障时，有以下几种情况：

1）起动时，曲轴根本转不动或者转动很慢，即起动转速太低。

2）起动时，起动转速正常，但柴油机不着火。

3）起动时，柴油机虽然着火，但柴油机运转不正常，转速不稳，甚至熄火。

（2）故障分析（表 3—2—3）

表 3—2—3　　发动机不能起动故障分析

序号	导致故障的原因	解决思路
1	蓄电池无电或电力不足	蓄电池充电
2	电路接线错误或接触不良	检查线束，重新连接
3	熔丝烧坏	更换熔丝
4	起动电动机碳刷与换向器接触不良	检查并更换
5	电源总开关烧坏或接触不良	检查并更换
6	起动继电器损坏	检查并更换
7	起动钥匙或起动按钮损坏	检查并更换
8	起动电动机齿与发动机飞轮齿圈不能啮合	检查并更换
9	熄火电磁阀不回位	检查并更换
10	燃油箱油位过低，低于出油管位置	加注燃油
11	燃油系统有空气	清除燃油系统空气
12	柴油箱出油滤网、柴油管路、柴油滤清器、手油泵进油接头处滤网阻塞或柴油标号选择不对，气温低起蜡	检查清除阻塞并更换柴油
13	喷油泵有故障；不喷油、喷油少或喷油压力低	检查并更换
14	喷油器有故障；不喷油、喷油少或喷油不雾化	检查并更换
15	调速器熄火手柄不回位	检查并更换
16	高压油管损坏及漏油	检查并更换
17	活塞、活塞环或气缸套磨损严重	检查并更换
18	气门漏气严重	检查并更换
19	气缸垫严重漏气	检查并更换
20	气门间隙或燃烧室容积大	调整气门间隙
21	喷油提前角过早或过迟，甚至相差 180°，发动机喷油不发火或发火一下又停车	调整气门提前角
22	配气相位不对	检查调整配气相位
23	发动机气缸套开裂导致燃烧室进水	更换缸套
24	发动机气缸盖裂纹或砂眼损坏导致燃烧室进水	更换气缸盖
25	发动机气缸垫损坏导致燃烧室进水	更换气缸垫
26	喷油嘴不雾化、滴油，燃烧室进入大量柴油	更换喷油器
27	发动机抱瓦	检查并更换
28	带负荷起动	检查并解除负荷
29	环境温度过低	开启低温预热功能

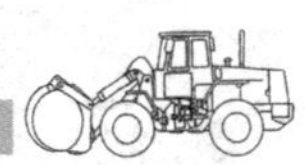

（3）故障排除举例

根据起动困难所表现出的现象、分析的原因和诊断的部位，有针对性地进行排除。

1）如是起动系统故障导致的起动困难，对电起动的，则应分别修复或更换起动电动机、蓄电池、起动开关、继电器；对气起动的，则应分别修复气动马达、气控阀、油控阀、继气器及管路等，保证给气充足。

2）如是机械系统故障引起的起动困难，则应排除影响柴油机曲轴转动的因素。如重新装配柴油机，保证各部间隙正确和运动件运动自如。

3）如是外部因素引起的起动困难，则应在起动前预热机油，加灌开水以及脱开和工作机械的连接。

4）如是操作因素引起的起动困难，则应严格按操作规程正确操作。如检查和打开有关阀门、拉杆，加足燃油，排净燃油系统空气等。

5）如是燃油系统故障引起的起动困难，则应检查、修复或更换有关零部件，如喷油泵、喷油器，清洗柴油滤清器，调整供油提前角等。

6）如是进排气系统故障引起的起动困难，则应检查和调整配气定时，清洗中冷器、空气滤清器、排气消声器等，以及更换活塞环、研磨气门等。

二、传动系统常见故障处理

1. 动力换挡变速箱挂挡后，车辆不能行走

（1）故障现象

ZL50G 型装载机挂挡后，车辆不能行走。

（2）故障分析（表 3—2—4）

表 3—2—4　　动力换挡变速箱挂挡后，车辆不能行走故障分析

序号	导致故障的原因	解决思路
1	挡位未挂到位置	重新将挡位挂到位置
2	带高低速的定轴变速箱，高低速操纵杆未挂到位	将高低速操纵杆挂到位
3	变速箱内油量过少	按规定量加注变速箱油
4	变速箱油底滤网或变速泵吸油滤网堵塞	清洗或更换滤网
5	变速泵吸油胶管老化起皮堵塞或变速泵吸油管接头松动进气	更换或紧固变速泵吸油管
6	变速泵严重内泄	更换变速泵
7	变速泵驱动齿轮或驱动轴断裂	更换变速泵驱动齿轮或驱动轴
8	变速操纵阀调压弹簧断裂	更换变速操纵阀调压弹簧

续表

序号	导致故障的原因	解决思路
9	动力切断阀卡死在切断位置	清洗并检修动力切断阀阀杆
10	没有压缩空气进入切断气缸（带动力切断气缸的）	检修制动系统气路
11	中间输出齿轮连接螺栓全部切断	更换并重新安装中间输出齿轮连接螺栓
12	弹性板与罩轮连接螺栓或弹性板与发动机飞轮连接螺栓全部切断。若出现此故障，工作和转向液压系统也全部无动作	更换并重新连接切断螺栓

（3）故障排除举例

首先检查变速箱内液压油油量是否足够，方法是使发动机处于怠速状态，观察油位应在变速箱侧面的油标中部，如看不到油面应补足油液。油位正常后区分故障是突然出现还是逐渐出现。如属突发性故障，应拆检减压阀是否脏污、阀芯表面是否划伤卡死在最小供油位置，可通过清洗研磨解决，再检查行走泵连接套花键是否损坏；如故障征兆缓慢出现，一般属于行走系零部件逐渐磨损或油液清洁度差造成的故障，可按以下顺序检查：

1）判断故障是否在变矩器。检查安装在车后架上的机械油回油滤清器，如滤网上附着有大量的铝末，即可断定变矩器内轴承损坏导致“三轮”磨损，应拆卸变矩器，更换损坏的零部件并清洗油路。

工作时变矩器工作油腔内的传动油液必须保持充满状态，油量不足会导致输出扭矩降低，使主传动轴旋转无力或停止旋转。检查时脱开变矩器至变速箱的回油（变矩器溢流）低压胶管，观察发动机怠速状态下回油管的溢流量。正常状态下只有很小的流量，随着发动机转速的升高、变矩器减压阀内的溢流阀突然开启时流量会突然增大。如果发动机怠速时此流量也较大，则可判定变矩器内的密封环严重磨损导致内漏。

2）如变矩器向变速箱的回油正常，则使发动机高速运转；如回油量较少，则应检查行走泵的吸油管路内是否存在脏堵或漏气现象。主要检查变速箱内安装的吸油滤网、行走泵胶管是否老化、内部是否脱落或折弯等。

3）如上述正常，可以判定行走泵容积效率低，则应更换行走泵。

4）行走无力故障一般不考虑变矩器回油散热回路故障。

2. 动力换挡变速箱漏油

（1）故障现象

动力换挡变速箱漏油。

（2）故障分析

检查动力换挡变速箱漏油位置，看接头是否松动，密封圈是否损坏。

（3）故障排除

找出动力换挡变速箱漏油位置，拧紧接头；更换密封圈。

3. 液力变矩器油温过高

（1）故障现象

变矩器油温表指示值偏高。

（2）故障分析（表 3—2—5）

表 3—2—5　　液力变矩器油温过高故障分析

序号	导致故障的原因	解决思路
1	变矩器油温表或传感器损坏	检查并更换
2	变速箱油量过多或过少	按规定量加注合格的变速箱油
3	用油不当或油液变质	使用规定变速箱油
4	变矩器进回油压力低	更换变矩器进回油压力阀弹簧
5	变速箱内摩擦片过度磨损打滑	更换摩擦片
6	变矩器油散热器堵塞，散热效果不好	清理、检修或更换散热器
7	长时间超负荷地工作	停机冷却

（3）故障排除举例

一般装载机在正常的情况下，变矩器正常油温为 70～110℃。如果装载机在非长时间重载工况下作业，变矩器温度迅速升高并超过 120℃，则属于异常。该故障的原因分析与排除方法为：

1）变速箱油位过低或过高，应检查液力传动油的油位，并将油位调整至规定油位。

检查方法为：装载机运转 5 min 左右，从变速箱上的放油开关能放出油。如果放出的油过多，为油液加注过多，应将油部分放出；若无油放出，则为油位过低，应加注液力传动油。

2）液力传动油变质，应更换新油。如果装载机连续大负荷工作时间过长，应随时观察变矩器油温表指示，一旦超过 110℃，应减小负荷作业或停机冷却。

3）变速泵损坏或变速操纵阀压力低，导致变速箱离合器打滑，使油液升温。如果变速泵损坏，变速压力调不上去，并伴有泵体发热或异响等现象，应更换变速泵；如果变速操纵阀压力低，应检查并调整压力至规定值。

三、工作装置及液压系统常见故障处理

1. 掉斗

（1）故障现象

装载机作业时，收斗后铲斗会自然下翻，掉斗。

（2）故障分析（表3—2—6）

表3—2—6　**掉斗故障分析**

序号	导致故障的原因	解决思路
1	转斗操纵软轴安装调整不到位，多路阀转斗滑阀阀杆不在中位，油路不能封闭	调整操纵软轴，使多路阀转斗滑阀阀杆在中位
2	多路阀转斗滑阀密封件损坏内漏	检查并更换密封件
3	多路阀滑阀孔与滑阀杆之间间隙过大	检查并更换滑阀杆
4	转斗油缸大腔过载压力过低	调整转斗油缸大腔过载压力
5	转斗油缸大腔过载压力阀卡死或密封件损坏	清洗转斗油缸大腔过载压力阀或更换其密封件
6	转斗油缸密封件损坏或活塞松动、油缸拉伤	修复或更换转斗油缸总成或其密封件
7	先导阀转斗联阀芯卡滞不能完全关闭，导致转斗油缸大腔的油通过多路阀油口流回油箱	清洗先导阀转斗联阀芯或更换先导阀

2. 动臂下沉

（1）故障现象

动臂提升后，自然下沉过快，掉动臂。

（2）故障分析（表3—2—7）

表3—2—7　**动臂下沉故障分析**

序号	导致故障的原因	解决思路
1	动臂操纵软轴安装调整不到位，多路阀动臂滑阀阀杆不在中位，油路不能封闭	重新安装调整动臂操纵软轴
2	多路阀动臂滑阀密封件损坏内漏	更换动臂滑阀密封件
3	多路阀滑阀孔与滑阀杆之间间隙过大	更换多路阀
4	动臂油缸密封件损坏或活塞松动、油缸拉伤	修复或更换动臂油缸总成或其密封件

续表

序号	导致故障的原因	解决思路
5	压力选择阀内漏，使动臂油缸大腔的油液通过压力选择阀泄漏回油箱	更换压力选择阀
6	先导泵到压力选择阀之间的单向阀损坏或阀芯卡滞	清洗或更换先导泵到压力选择阀之间的单向阀
7	先导阀动臂联下降阀芯卡滞不能完全关闭，导致动臂油缸大腔的油通过多路阀油口流回油箱	清洗先导阀动臂联下降阀芯或更换先导阀

3. 转向失灵

（1）故障现象

ZL50G 型全液压装载机在装卸物料时，突然出现转向时有时无现象。经试机检查，发现挂挡微动或行走时可以左、右转向，但不挂挡原地操作转向盘转向时，2 个转向轮却只能左、右转动 15° 左右。

（2）故障分析

该机采用流量放大转向液压系统，与工作装置液压系统相互独立。转向液压系统主要由转向泵、转向器、减压阀、流量放大阀、转向缸、滤油器和散热器等组成，其中减压阀和转向器属于先导系统，其余属于主油路。

初步分析故障原因有：主系统压力过低，包括油箱油量不足、转向泵严重磨损以及溢流安全阀性能不良；减压阀性能不良造成先导系统压力低；转向器装错或损坏；流量放大阀泄漏或阀芯卡滞；转向缸内漏严重；系统油管节流或堵塞，见表 3—2—8。

表 3—2—8　　转向失灵故障分析

序号	导致故障的原因	解决思路
1	转向器内弹簧片折断	检查并更换内弹簧片
2	转向器内的定子或转子严重泄漏	检查并更换转向器
3	转向油缸密封件严重损坏，转向油缸活塞脱落或活塞杆断裂	检查并更换转向油缸密封圈或更换转向油缸
4	转向器内拔销折断或变形	检查并更换转向器
5	转向柱与转向器连接块断裂或损坏	检查并更换连接块
6	带优先阀转向的系统，优先阀阀杆卡滞，引起转向泵排出的油液不能根据要求进入转向器，造成大量油液分流到工作液压系统	检查并更换优先阀
7	带优先阀转向的系统，转向器至优先阀之间的信号口堵塞，导致转向压力信号不能及时准确地发送到优先阀	检查并更换优先阀
8	先导型优先流量放大阀转向系统，流量放大阀阀杆卡滞或阀杆回位弹簧断裂	检查并更换流量放大阀

按照“由简到繁”的顺序查找故障点。首先，可以排除转向器装错的可能。其次，用压力表分别测量系统主压力和先导压力，其压力值分别是 12 MPa 和 2.5 MPa，都在正常范围内。为了得到更好的检验效果，又主动把各压力调高 2 MPa，试机时故障依旧，这说明油箱油量充足，溢流阀、减压阀和转向泵均无异常。再次，用互换方法装上性能可靠的流量放大阀和转向器，试机后发现故障依然存在，于是又排除了流量放大阀和转向器有故障的可能。最后，将转向缸及系统油管解体，检查活塞油封良好，缸筒内壁无磨损、拉痕，油管内部无节流和堵塞。通过上述检查，可以确定转向液压系统都正常。

再次试机推铲物料，感觉装载机工作有力，观察铰接点未发现卡滞现象，由此推断故障在前驱动桥。为了验证判断是否正确，先卸下两侧轮边端盖并拔出半轴，再操作转向器原地转向，此时能够顺利转动转向盘，由此可以确定故障点是前驱动桥。

（3）故障排除举例

排放前驱动桥齿轮油时，发现有少量铁屑。拆掉传动轴，并卸下前驱动桥主传动总成，分解时发现差速器部分行星齿轮断裂，十字轴轻微变形。更换新的差速器总成，按技术标准装复后试机，该机转向恢复正常。

差速器正常工作时，动力自主减速器从动齿轮依次经差速器壳、十字轴、行星齿轮、半轴齿轮、半轴，传递给左、右侧驱动车轮。行星齿轮既可以绕半轴轴线进行公转，又可以绕自身轴线（即十字轴轴线）进行自转。当装载机转弯时，行星齿轮进行公转和自转组合形成的复合运动，使左、右两半轴齿轮以不同角速度旋转，并在左、右车轮切线方向上附加一个方向相反的力。该附加反力在行星齿轮两侧形成力矩，使行星齿轮做自转运动。差速器在工作时若受到较大的冲击载荷，行星齿轮易产生疲劳断裂，十字轴则产生变形。当装载机挂挡微动或行驶时，因左、右半轴转速不等（即角速度不等），差速器齿轮相互摩擦阻力较小，行星齿轮能够进行既有公转又有自转的复合运动，实现差速作用并顺利实现转向。原地转向时角速度为零，且由于在行星齿轮断裂、十字轴变形后，摩擦阻力增大，差速器的行星齿轮、半轴齿轮转动即受阻，差速器便失去差速作用，最终导致装载机不能在原地转向。

四、制动系统常见故障处理

1. 气压表压力上升缓慢

（1）故障现象

发动机起动后，气压达不到规定值。

（2）故障分析（表 3—2—9）

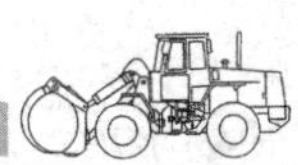

表 3—2—9　　气压表压力上升缓慢故障分析

序号	导致故障的原因	解决思路
1	管路接头松动或油水分离器放油塞未拧紧	重新拧紧管路接头或放油塞
2	空压机工作不正常	检查并更换空压机
3	制动阀内漏气	检查并更换制动阀
4	压力调节阀放气孔堵塞或单向阀密封不好	检查并疏通堵塞或更换密封

2. 制动失灵

（1）故障现象

制动不良或失灵是指正常操作进行制动时，制动力矩不足，车速减慢迟缓，不能立即减速或停止，其制动减速幅度小，制动距离过长，制动效果很差，一脚或连续几脚制动，制动踏板均被踏到底，但制动失效。

（2）故障分析（表 3—2—10）

表 3—2—10　　制动失灵故障分析

序号	导致故障的原因	解决思路
1	制动气压过低，进入加力泵的气压不足，使制动性能下降	检查并更换空压机
2	脚制动阀损坏	修复或更换脚制动阀
3	脚制动阀到加力泵之间气管或接头漏气，造成制动气体泄漏，进入加力泵气压低，推动气活塞移动行程不够	检查、拧紧脚制动阀到加力泵之间气管或接头；更换损坏气管、接头或垫片
4	加力泵损坏	检查并更换加力泵
5	制动管路漏油或堵塞，造成制动油液推动制动钳活塞力量不足，从而影响制动效果	检查管路并加注制动油液
6	制动钳损坏或漏油影响制动效果	检查并更换制动钳
7	制动摩擦片上有油污或磨损超过极限，从而影响制动效果	清洗或更换制动摩擦片
8	制动液压管路中含有空气	清除制动液压管路中的空气
9	制动液失效、不符合要求或含有水分	检查并更换制动液
10	制动系统过热造成制动效果不好	查找制动系统过热的原因并处理

3. 制动抱死

（1）故障现象

制动抱死是指行车制动不能正常解除，制动钳抱死，活塞不回位，制动摩擦片与制动盘不能脱离。这种故障会出现驱动无力、冒黑烟、有焦糊味等现象。

（2）故障分析（表3—2—11）

表3—2—11 制动抱死故障分析

序号	导致故障的原因	解决思路
1	脚制动阀踏板行程限位螺钉调整不当，顶杆使得制动阀活塞不能完全复位，制动时进入加力泵的气体不能排空，有残留压力	检查并调整脚制动阀踏板行程限位螺钉
2	脚制动阀活塞卡滞或回位弹簧损坏，造成排气不正常	检查并更换回位弹簧
3	双管路气制动阀顶杆位置不对	检查并调整双管路气制动阀顶杆位置
4	加力泵气活塞卡死，不回位，制动液不能正常回流，造成制动钳活塞不能复位	检查并更换加力泵
5	加力泵气活塞回位弹簧损坏，造成气活塞不能回位，制动液不能正常回流，制动钳活塞不能复位	检查并更换加力泵
6	加力泵油活塞卡死，不回位，制动液不能正常回流，造成制动钳活塞不能复位	检查并更换加力泵
7	加力泵回油口堵塞，造成制动液不能正常回流，制动钳活塞不能复位	检查并清除加力泵堵塞
8	制动钳活塞卡死，解除制动时不能回位	检查并更换制动钳活塞

五、电气系统常见故障处理

1. 灯光、仪表显示异常

（1）故障现象

仪表不工作或指示不准确。

（2）故障分析（表3—2—12）

表3—2—12 灯光、仪表显示异常故障分析

序号	导致故障的原因	解决思路
1	熔丝损坏	检查并更换熔丝
2	仪表电源电路、搭铁电路断路	检查并恢复电路
3	仪表损坏或对应线路断路	检查更换仪表并恢复电路
4	传感器故障或对应线路断路	检查并恢复传感器电路

（3）故障排除举例

如果所有的仪表都不工作，通常是由于保险装置、电源有故障，或仪表电源线路、搭铁线路断路引起。可以先检查保险装置是否正常，然后检查线头有无脱落、松动、电

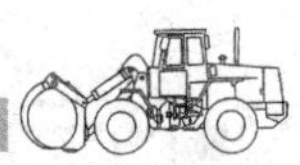

源线路及搭铁线路是否正常。最后检查、修理电源。

如果个别仪表不工作，一般是由于仪表、传感器有故障，或对应线路断路等引起。以水温表为例说明如下：

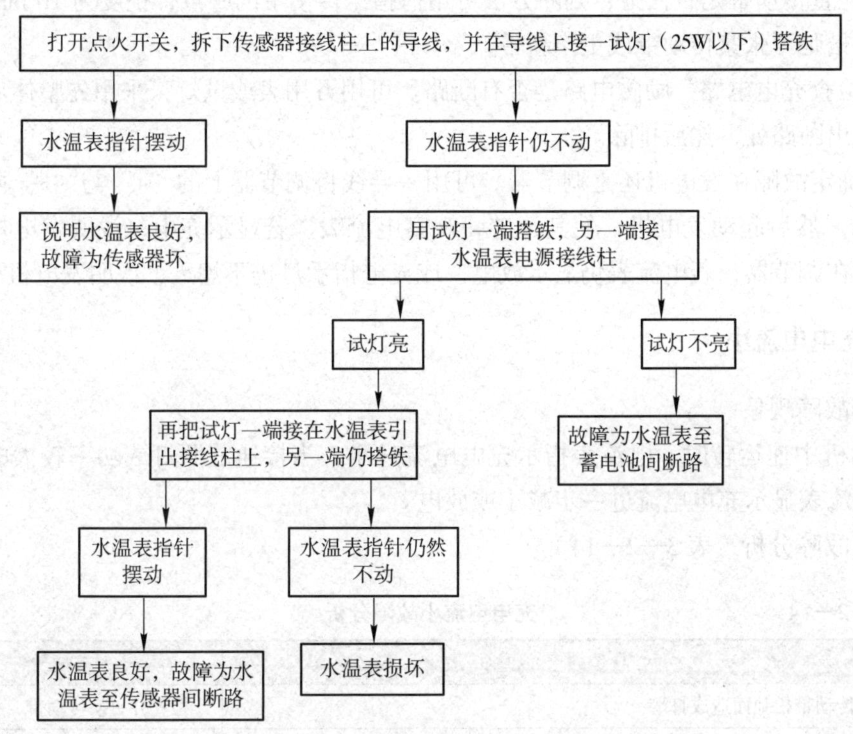

2. 发电机不发电或发出电压低

（1）故障现象

发电机中速运转时，电流表指示放电或充电指示灯发亮。

（2）故障分析（表 3—2—13）

表 3—2—13　　发电机不发电或发出电压低故障分析

序号	导致故障的原因	解决思路
1	充电系统中的连接导线短路	检查并恢复充电电路
2	传动带因磨损过度而松弛打滑	检查并更换传动带
3	调节器有故障。如低速触点氧化，无法正常闭合；高速触点相碰；搭铁不良或弹簧弹力减弱使调节电压值低于蓄电池的电动势等	检查并更换发电机调节器
4	发电机内部故障。如定子三相绕组之间有短路或搭铁故障；电刷在刷架内卡住，使其与滑环不能接触等原因，造成发电机不发电	检查并更换发电机

（3）故障排除举例

出现该故障时，可按以下步骤检查。

1）检查充电系统中的导线连接是否可靠。

2）检查传动带是否松弛，判断方法可用拇指压传动带的中点，挠度为 10 mm 左右为合适。如松弛可张紧传动带或更换新带。

3）检查充电电路、励磁电路是否有断路。可用万用表或试灯，采用先整体后局部的方法查找出断路处，然后排除。

4）确定故障在发电机还是调节器。可用一导线将调节器上的“+”与“F”两接线柱连接起来，然后起动发电机，使其运转，观察电流表。若显示充电，说明发电机正常工作，故障在调节器；若电流表仍显示放电，或充电指示灯仍不熄灭，说明发电机不发电。

3. 充电电流小

（1）故障现象

发动机中速运转时，电流表指示充电电流过小，当接通前照灯或功率较大的用电设备时，电流表显示充电电流进一步减小或放电。

（2）故障分析（表 3—2—14）

表 3—2—14 充电电流小故障分析

序号	导致故障的原因	解决思路
1	传动带松弛而造成打滑	检查并更换传动带
2	充电线路导线连接不良	检查并恢复充电电路
3	交流发电机内部有故障。如定子绕组有一相连接不良或断路；电刷磨损过大，弹簧弹力减弱，使电刷与滑环接触不良	检查并更换发电机
4	调节器有故障。如低速触点氧化接触不良；弹簧弹力减弱使调节电压过低	检查并更换发电机调节器

（3）故障排除举例

诊断时应首先判断蓄电池是否内部断路，然后脱开调节器，短接交流发电机“+”接线柱与“F”接线柱，让交流发电机单独发电，对蓄电池充电。若充电电流不变，说明调节器有故障，应检修调节器；若充电电流加大，说明调节器仍有控制能力，使调节电压值过高，适当减小弹簧的弹力即可。